KB270846

자존감 교육

self-esteem education

자존감 교육

1판 1쇄 발행 2014년 4월 1일
1판 2쇄 발행 2015년 10월 20일

지은이 **이명경**
펴낸이 **이재성**
기획편집 **김민희**
디자인 **윤대한**
마케팅 **이상준**

펴낸곳 **북아이콘**
등 록 **제313-2012-88호**
주 소 **150-038 서울시 영등포구 영신로 220 KnK디지털타워 1102호**
전 화 **(02)309-9597(편집)**
팩 스 **(02)6008-6165**
메 일 **bookicon99@naver.com**

ⓒ 이명경, 2014
ISBN 978-89-98160-07-4 13590

자존감이 스스로 하는 아이 만든다 * 자존감 교육은 행복과 성공의 핵심 키워드이다

자존감 교육

이명경 지음

self-esteem education

북아이콘

왜 지금 '자존감 교육'인가?

흔히 인생을 마라톤에 비유합니다. 마라톤에서 달려야 하는 거리는 42.195km, 100m 달리기를 422번 해야 하는 거리입니다. 100m 달리기 하듯 전력 질주해서는 결코 마라톤을 완주할 수 없다는 것을 누구나 잘 압니다. 1등으로 출발했다고 해서 1등으로 들어올 것을 기대할 수도 없습니다. 오히려 초반에 너무 많은 체력을 소모하게 되면, 완주를 못하기도 합니다.

마라톤이 그렇듯 인생도 꾸준히 달려야 합니다. 초등학교 때 잘했다고 나머지 인생의 긴 시간을 잘 달릴 수 있을 거라 보장받지 못합니다. 명문 대학에 입학만 하면 고생이 끝날 줄 알지만, 학교를 졸업한 후에는 좋은 직업을 갖기 위해 또 달려야 합니다. 직업을 갖게 되면 행복이 시작될 줄 알지만, 그 안에는 또 다른 시련과 위기가 있습니다. 마음 맞는 짝을 찾는 것도 어렵고, 그 짝과 평생을 해로하기는 더욱 어렵습니다. 자식을 낳고 부모까지 되고 나면 더 많은 역할과 책임을 맡으며 살아가게 됩니다.

부모인 나는 내 자식에게 마라톤 완주에 필요한 무언가를 해 주고 싶습니다. 아이의 옆에서 함께 뛰며, 아이가 조금이라도 편안하게 뛸 수 있게 도와주고 싶습니다. 내가 경험한 시련, 내가 느낀 좌절을 내 아이는 겪지 않기를 바라며, 중간중간 성취감과 행복감을 느끼며 성공적으로 인생이라는 마라톤을 완주하길 바랍니다.

하지만 우리는 압니다. 어떤 인생도 시련과 좌절 없이 아름답기만 할 수 없다는 것을. 조금 더 수월한 인생이 있을 수는 있겠지만, 그것을 부모가 만들어 줄 수는 없습니다. 많은 재산을 물려주어도, 좋은 학벌이나 좋은 직업을 가질 수 있게 도와주어도, 아이는 아이의 인생을 살면서 크고 작은 시련을 겪게 됩니다.

소중한 내 아이가 인생이라는 마라톤을 행복하게 완주하길 바란다면, 시련과 좌절을 겪지 않게 도와줄 것이 아니라, 시련과 좌절을 견디고 극복하는 방법을 가르쳐야 할 것입니다. 넘어지지 않게 손을 잡아 주기 보다는 혼자 뛰도록 해야 합니다. 넘어지더라도 툭툭 털고 일어나 다시 달릴 수 있게 해야 합니다.

자존감은 시련과 좌절을 견디고 극복하게 만드는 큰 자원입니다. 자존감 높은 사람은 자신이 얼마나 괜찮은 사람인지, 얼마나 능력 있는 사람인지에 대한 확고한 믿음이 있기 때문에 시련이 있을 때 오히려 자신의 가치와 능력을 보여 주기 위해 더 많은 노력을 합니다. 비난받거나 무시당하는 상황에서도 기죽지 않고 자신의 진정한 가치와 능력을 보여 주기 위해 최선을 다합니다. 자신에게 부족함이 보이면 그 부족함을 줄이려 노력하지, 다른 사람을 깎아 내리거나 다른 사람을 이기기 위해 자신에게 의미도, 필요도 없는 노력을 하지 않습니다. 그래서 긴 시간 달려야 하는 마라톤에서 호흡도 고르고, 물도 마셔 가며 자신의 페이스를 유지할 수 있습니다.

그간 자존감의 중요성을 알리는 유익한 책들이 다수 출판되었습니다. 자존감에 대한 높은 관심은 자존감을 높이는 실질적인 방법에 대한 요구로 이어진 듯합니다. 이 책은 그러한 요구를 충족시키기 위해 만들어졌습니다. 전문가의 도움 없이 가정에서 실천할 수 있는 자존감 교육 방법을 담고 있습니다. 실질적이면서도 구체적인 방법을 가능한 많이 포함하고자 애썼습니다. 여전히 부족함이 있지만, 이 책이 부모님과 자녀 모두의 자존감을 높이는데 조금이라도 도움되길 바랍니다.

독자들의 요구를 섬세하게 분석하여 가이드라인을 제시해 주신 북아이콘 이재성 대표님, 속 깊은 이야기와 교육에 대한 평가로 많은 아이디어와 통찰을 이끌어 주신 한국집중력센터에서 만났던 학부모님들과 아이들, 강연 때마다 질문과 토론을 통해 부모의 입장을 전달해 주셨던 수많은 학부모님들께 감사의 마음을 전합니다.

따스한 봄날 이명경

차 례

프롤로그 ······ 4

|1부| 자존감의 이해

자존감이란 무엇인가? ······ 15

자존감, 누구나 갖는 것인가? ······ 27

자존감이 높은 사람이 더 성공할까? ······ 34

자존심과 자존감은 어떤 차이가 있을까? ······ 38

자존감, 무엇을 근거로 만들어지나? ······ 42

자존감의 영역별 구분 ······ 44

1) 인지 영역 : 학습 능력

2) 신체 영역 : 외모 및 운동 능력

3) 물질 영역 : 부모의 사회 경제적 지위 및 소유물

4) 대인관계 영역 : 사회성

5) 인성 영역 : 성품

자존감 교육의 초점 ······ 52

|2부| 자존감의 발달

발달 단계별 자존감 향상법 ······ 59

– 영아기

– 유아기

– 초기 아동기 : 초등 저학년

– 후기 아동기 : 초등 고학년

– 청소년기

CONTENTS

– 청년기 및 성인 초기

– 중년기

– 노년기

자존감, 남성과 여성 중 누가 더 높을까? ······ 90

| 3부 | 자존감 교육법

01 공감 능력 높이기 ····· 96

사랑과 존중은 다르다 ····· 96

존중의 시작, 공감의 방법 ····· 100

감정에 대한 타당화를 먼저 한 후 객관화하기 ····· 103

공감의 핵심, 좌절된 욕구 찾기 ····· 108

02 신체에 대한 각성 및 조절 능력 높이기 ····· 116

자존감을 위협하는 신체 변화 ····· 116

신체적 각성 상태에 대한 이해를 통한 알아차림 ····· 118

교감 신경계의 활성화를 낮추는 방법 지도 ····· 120

03 자기 조절 능력 향상 ····· 124

1단계 : 문제 정의 – 자신이 해야 할 것이 무엇인지에 대한 평가 & 현실적 목표 수립 ····· 126

2단계 : 계획 수립 – 언제, 어떤 방법으로 하는 것이 목표 달성에 유리할지를 판단하여 계획 수립 ····· 130

3단계 : 중간 점검 – 자기 자신의 상태와 목표 달성 정도에 대한 모니터링 ····· 134

4단계 : 수행 후 점검 – 과제의 완성도, 부족한 자신의 상태에 대한 점검 ····· 138

5단계 : 자기 강화 – 스스로에 대한 칭찬과 격려 ····· 141

04 선택과 책임 가르치기 ······ 144

생각과 의견 물어보기 ······ 146

다양한 역할 주기 ······ 148

자기 실수에 대해 책임 지우기 ······ 151

05 성공과 실패에 대한 부모의 대처 전략 ······ 154

꿈이 크면 자존감은 떨어진다 ······ 154

성공과 실패의 원인을 다르게 분석하라 ······ 160

실패에 대한 내성이 자존감 급락을 예방한다 ······ 166

06 자존감을 높이는 칭찬과 훈육 방법 ······ 173

노력 중심 vs 능력 중심 ······ 177

과정 중심 vs 결과 중심 ······ 179

자기 준거 vs 타인 준거 ······ 182

좋은 성격 vs 좋은 머리 ······ 185

자존감을 낮추지 않으며 훈육하는 방법 ······ 188

07 아이 특성별 자존감 향상법 ······ 193

소심한 아이 ······ 193

고집 센 아이 ······ 196

거짓말 많이 하는 아이 ······ 201

잘 우는 아이 ······ 206

CONTENTS

| 4부 | 부모의 자존감, 자녀의 자존감

자존감 낮은 부모의 유형 ······ 213

허용적 부모와 통제적 부모의 한계 ······ 219

낮은 자존감으로 인한 부부 갈등 해결하기 ······ 224

자기주장 훈련 ······ 233

가족 회의를 통해 가족 규칙 만들기 ······ 240

| 5부 | 자존감 교육의 효과

높은 공감 능력, 대인관계 능력 ······ 248

높은 집중력 ······ 250

목표 지향적 행동, 자기 조절 능력 ······ 253

자기 주도적 학습 능력 ······ 255

self-esteem education

자존감의 이해

자존감은 스스로를 사랑하고 자신의 힘을 믿는 마음이라고 할 수 있다. 자존감은 성격처럼 안정적이고 지속적인 특성을 가지고 있어 쉽게 바뀌지 않는다. 자신에 대한 견고한 이미지의 형태로 자리한 것이기 때문에 이성이나 논리가 잘 통하지도 않는다. 그래서 자존감 교육이 중요한 것이다. 자존감이 형성되는 시기에 제대로 자존감 교육을 해야만, 높은 자존감을 통해 자신을 변화·성장시키기 위해 노력하는 사람으로 성장하게 되는 것이다.

자녀의 행복과 성공을 바라지 않는 부모는 없다. 부모마다 행복과 성공의 기준은 다르겠지만, 모든 부모는 자녀가 행복하고 성공적으로 살기를 바란다. 그런데 과거의 부모들이 자녀의 행복보다는 성공에 더 큰 비중을 두었던 데에 비해, 현재의 부모는 자녀의 성공보다는 행복을 더 중요시하는 것 같다. 성공과 행복을 모두 가지면 좋겠지만, 성공하고도 불행한 사람보다는 성공하지 못해도 행복한 사람이 더 낫다는 공감대가 만들어진 것이다.

행복에 대한 강조는 과거에 비해 사회 전체의 소득이 증가하고 삶의 질이 향상된 결과이기도 하다. 성공하면 무조건 행복이 따라온다는 신화가 깨어지고, 사람마다 제각각 다양한 성공의 기준을 가지게 되었기 때문에, 성공을 위해 행복을 포기하는 것을 바람직하지 않게 생각하는 사람들이 늘어난 것이다.

최근 부각된 자존감에 대한 관심은 이러한 행복에 대한 관심과 연결되는 것 같다. '어떻게 하면 행복한 사람이 될 수 있을까?'라는 물음에 자존감이 하나의 대답으로 떠오른 것이다. 실제로 자존감은 행복에 많은 영향을 미친다. 자존감이 높은 사람은 그렇지 않은 사람에 비해 가족이나 친구들과 더 원만한 관계를 만들고 친밀감을 더 많이 느낀다. 또 자신이 하는 일에 대한 만족감이 높고, 스트레스 상황에서도 정서적 동요가 심하지 않으며, 우울한 기분을 덜 느낀다. 그리고 많은 연구들은 행복할 만한 조건, 예를 들어 직업에서의 성공, 높은 명예, 많은 돈, 멋진 배우자, 훌륭한 친구들 등을 갖추었기 때문에 그 결과 자존감이 높아진 것이 아니라, 자존감이 높기 때문에 주어진 조건 안에서 행복감을 더 많이 느낀다는 것을 입증하고 있다. 즉 높은 자존감은 성공의 결과가 아니라 행복의 원인인 것이다.

자존감이 높은 사람은 누군가 자신을 비난하거나 자기를 무시할 때에 감정적 동요가 적다. '나를 좋아하지 않는 사람도 있을 수 있고, 나를 무시하는 사람도 있을 수 있다. 누군가 나를 좋아한다고 해서 내가 더 괜찮은 사람도, 누군가 나를 싫어한다고 해서 내가 더 하찮은 사람도 아니다. 나는 있는 그대로의 나를 사랑하고 가치 있게 여긴다.'라고 생각할 여유를 갖는다. 그래서 '그런데 나를 싫어하는 사람은 나의 어떤 부분이 마음에 안 드는 걸까? 나에게 남들이 싫어할만한 부분이 있고, 그것이 다른 사람을 불편하게 한다면, 고쳐야 하는 게 아닐까? 어떻게 하면 나의 부족한 부분을 성장시킬 수 있을까?'하며 자신을 반성할 수 있고, 더 나은 자신을 만들기 위한 노력을 시작할 수 있다.

하지만 자존감이 낮은 사람은 자기 안에서 자신을 귀하게 여기는 마음이 부족하기 때문에 사람들의 사소한 말이나 평가에 크게 상처받고 심리적으로 동요한다. 주변의 다른 사람이나 환경에 촉각을 곤두세우고 자기 자신에게 집중하지 못한다. 다른 사람에게 인정받기 위해 혹은 비난받지 않기 위해 애를 쓰다 보니 그들의 말 한마디 눈빛 하나에 기분이 좋아졌다 나빠졌다 널뛰기를 하게 되는 것이다. 그래서 작은 비난이나 상처에도 쉽게 좌절하고 자신감을 잃게 되어, 쉽게 우울해지기도 하고 갑자기 화를 폭발하기도 한다.

이들은 자기 자신보다는 다른 사람에게 더 많은 신경을 쓰다 보니 자신의 감정을 귀하게 여기질 못하게 된다. 그래서 감정을 편안하게 알아차리고 표현하기 보다는 억압하거나 왜곡하는 것을 반복하게 되고, 결국에는 자신이 느끼는 것이 자기 자신의 것인지 남에게 주입받은 것인지조차 모르는 채 혼란스럽게 살아가거나 감정 자체를 아예 느끼지 못하는 사람으로 살아가게 된다.

또 자존감이 낮은 사람은 자신의 부족한 부분을 인정하고 변화시키려 하기 보다는 감추려 한다. 다른 사람은 물론 자기 자신에게도 있는 그대로의 자신을 보여 줄 수 없기 때문에 솔직하고 당당하게 행동하기가 어려운 것이다. 그리고 자신의 부족함을 덜 느끼기 위해 다른 사람의 부족한 부분을 찾아내고 그것을 확대시키고자 행동할 수도 있다. 다른 사람의 불행을 위안삼아 자신을 지탱해야 하기 때문에 은근히 남에게 안 좋은 일이 생기기를 바라거나 적극적으로 남을 괴롭히게 되는 것이다.

자존감이란 무엇인가?

자존감(self-esteem)을 한자로 풀면 스스로 자(自), 높을 존(尊), 느낄 감(感)
이다. 즉, '스스로를 높이는 마음'이라는 뜻이다. 스스로를 높이는 마음, 즉
자존감은 '주관적'으로 형성한 자기 자신에 대한 '이미지'를 통해 만들어
진다. 주관적이라는 것은 객관적인 어떤 근거, 즉 몇 등을 했기 때문에, 무
엇을 가졌기 때문에 같은 기준에 의해 만들어지는 것이 아니라, 스스로
가 평가하는 나름의 기준에 근거한다는 의미다. 이미지라는 것은 언어나
숫자처럼 논리적으로 설명 가능하거나 딱 맞아 떨어지는 것이 아니라, 두
루뭉술하고 모호한 형태의 무엇이며, 이성보다는 정서의 영향을 더 많이
받는다는 의미이다. 그렇기 때문에 자존감은 〈객관적으로 무엇을 얼마나
가졌느냐, 어떤 능력을 가지고 있느냐〉가 아니라 〈스스로가 자기 자신을
얼마나 대단하고 괜찮은 사람으로 여기느냐〉에 의해 달라지는 것이다.

뛰어난 외모를 가지고 있는 사람이 계속해서 성형을 하며 더 예뻐지
려고 하거나, 명문대생이 성적을 비관하여 자살을 하는 것은 객관적으로

그들이 부족해서가 아니라 주관적으로 그들이 그들 자신을 부족하다고 느끼기 때문이다. 자존감이 낮은 그들에게 당신 정도의 외모이면 상위 몇 퍼센트에 속하며, 명문대 졸업장이 얼마나 많은 혜택을 의미하는지를 객관적이고 논리적으로 설명하는 것은 아무 소용이 없다. 순간적으로는 그 논리에 설득되는 듯이 보이다가도, 조금만 시간이 지나면 "그래도 나는 부족해요. 세상에는 나보다 잘난 사람들이 너무나 많아요."하며 다시 우울로 빠져들게 된다.

자존감은 성격처럼 안정적이고 지속적인 특성을 가지고 있어 쉽게 바뀌지 않는다. 자신에 대한 견고한 이미지의 형태로 자리한 것이기 때문에 이성이나 논리가 잘 통하지 않는다. 그래서 자존감 교육이 중요한 것이다. 자존감이 형성되는 시기에 제대로 자존감 교육을 해야만, 자신이 가진 무수히 많은 것에도 불구하고 만족과 기쁨을 느끼지 못하고 쉽게 우울로 들어가는 사람으로 성장하지 않는다. 대신 높은 자존감을 통해 자신이 현재 가진 것과 상관없이, 자신에게 부족함이 느껴지면, 그것을 편안하게 받아들이고 자신을 변화·성장시키기 위해 노력하는 사람으로 성장하게 되는 것이다.

자존감은 크게 자신의 능력에 대한 평가와 자신이 존중받을 만한 가치가 있는 사람인지에 대한 인식에 의해 만들어진다. 내가 얼마나 유능하고 얼마나 사랑받을 만한 사람인지에 대한 주관적인 평가에 의해 자존감이 높아지기도 낮아지기도 하는 것이다.

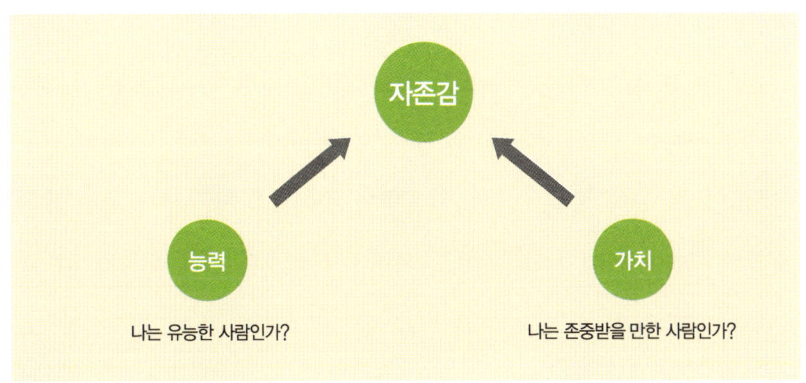

[그림 1] 자존감의 구성 요소

자기 능력에 대한 평가

자신의 능력에 대한 평가는 '나는 유능한 사람인가?'에 대한 자신의 대답에 근거한다. 내가 유능하다고 믿으면 나의 자존감은 높아지는 것이고, 내가 무능하다고 믿으면 나의 자존감은 낮아지는 것이다.

능력에 대한 자신의 평가는 자아 효능감(self-efficacy)과도 같은 개념이다. 자아 효능감은 특정 영역별로 따로 발달하기도 하고, 여러 영역의 효능감이 모아져 전체적인 자아 효능감이 만들어지기도 한다.

자신이 수학은 잘 하지만 영어는 잘 못한다고 믿는 사람은 수학 영역에서의 자아 효능감은 높은 반면, 영어 영역에서의 자아 효능감은 낮다. 직장에서 맡겨진 역할은 잘해낼 자신이 있지만, 아이를 잘 키울 자신이 없다면 업무 영역에서의 자아 효능감은 높지만, 육아 영역에서의 자아 효능감은 낮은 것이다.

또 영어는 잘 못하지만 수학을 매우 잘하고 다른 과목 성적도 괜찮은 편이니 전반적으로 나는 공부를 잘하는 편이라고 생각한다면 학업에 대한 자아 효능감이 높아지며, 100점 만점의 엄마라고는 할 수 없지만 직장에서 인정받고 있고, 내 능력으로 번 돈으로 아이에게 물질적으로 풍요로운 생활을 할 수 있도록 해줄 수 있으니 이만하면 괜찮은 사람이라고 생각하면 전반적인 자아 효능감이 높아진다.

반면, 수학을 포함해서 다른 과목들의 점수가 괜찮은 편이기는 하지만, 세계화 시대의 필수 능력이라고 하는 영어를 이렇게 못하니 자신의 학습 능력에 문제가 있다고 느끼면 학업에 대한 자아 효능감은 낮아지게 되며, 아이를 낳기 전에는 인정받는 직장인이었는데 아이를 낳은 이후에는 아이 때문에 직장에서도 일에 몰두를 할 수가 없고, 아이랑 함께 있을 때도 즐거움과 만족감을 느낄 수 없다면 일과 육아 모두에서 낮은 자아 효능감을 갖게 되고 전반적인 자아 효능감도 낮아지게 되는 것이다.

이렇게 자아 효능감은 특정 영역별로 자신이 성과를 낼 수 있는 정도에 대한 평가를 모아서 스스로 자신을 유능한 사람 혹은 무능한 사람으로 구분하면서 만들어지는 것이다. 하지만 자아 효능감은 1+1=2와 같은 수학식처럼 딱 맞아 떨어지는 과정을 통해 만들어지는 것은 아니다. 영어 하나 때문에 전 과목에서의 우수한 성적이 별것 아닌 것이 되기도 하고, 높은 연봉 하나로도 다른 모든 영역에서의 부족함이 상쇄될 수도 있다. 그만큼 자신의 능력에 대한 평가는 주관적인 것이다.

자신의 능력에 대한 주관적인 평가는 그 능력이 외부에 미치는 영향력에 대한 지각에 따라 달라진다. 자신의 능력이 외부에 많은 영향을 미칠 수 있는 것이라고 느끼면 그 능력은 대단한 것으로 인식되어 높은 자아 효능감을 갖게 되지만, 자신이 가진 능력이 외부에 별다른 영향을 못 미치는 것이라고 판단하게 되면 자아 효능감은 높아지지 않는다. 예를 들어, 내 스스로 내 미술 실력이 뛰어나다는 것을 알고 있지만, 미술을 잘하는 것을 통해 부모나 교사, 친구 등에게 별다른 영향을 미치지 못한다면, 즉 그들로부터 인정을 받지 못한다면, 뛰어난 미술 실력은 자존감을 높이는데 아무 기여를 하지 못한다. 미술 따위를 잘하는 게 뭐 대단한 것이냐 생각하거나 오히려 공부는 못하면서 미술만 잘하는 자신의 재능을 부끄럽게 여겨 숨기게 된다. 내 능력이 다른 사람들에게도 인정받을 만한 것이며, 내 능력을 통해 원하는 것을 얻을 수 있다고 판단할 때 자존감은 높아지게 된다.

자기 가치에 대한 평가

자존감의 또 다른 요소인 자기 가치에 대한 평가는 '나는 사랑받고 존중받을 만한 사람인가?'에 대한 인식이다. 자기 가치에 대한 평가는 자기 능력에 대한 평가에 비해 훨씬 더 주관적이고 정서적이며 뿌리가 깊다.

자아 효능감은 그때그때의 성과에 따라 높아졌다가 낮아졌다가 할 수 있지만, 자기 가치에 대한 평가는 변화의 폭이 훨씬 적다. 수학 성적을 잘 받으면 수학적 자아 효능감이 높아졌다가 수학 성적이 떨어지면 수학적 자아 효능감이 낮아지기도 한다. 수학과 관련된 여러 번의 경험을 반복하는 과정에서 수학과 관련된 자신의 능력을 객관화하여 '도형 영역은 잘 못하지만 함수는 자신 있어. 도형 부분을 더 집중적으로 공부해서 부족한 부분을 보충하면 성적을 올릴 수 있을 거야.'와 같은 이성적이고 합리적인 선택을 할 수도 있다.

하지만 자신이 사랑받을 만한 가치 있는 사람인가에 대한 평가는 더욱 더 주관적이며 비이성적이고 견고하기 때문에 쉽게 바뀌지 않는다. 자기 가치에 대한 평가가 낮은 사람은 누군가의 칭찬을 듣고 자존감이 조금 올라가는 듯 하다가도 금세 그 칭찬의 의도를 의심하거나 칭찬의 값어치를 평가 절하해서 '내가 그렇지 뭐, 내가 뭐 대단한 사람이라고' 하며 다시 낮은 자존감을 갖게 된다.

자기 가치에 대한 평가는 태어나서 처음 만난 세계, 즉 가족 안에서의 경험을 통해 만들어진다. 가족 중에서도 특히 어머니와의 관계에서 무조건적인 사랑과 보호를 받으며 세상에 대한 신뢰를 쌓은 사람은 자신이 사랑받고 존중받아 마땅한 사람이라는 믿음이 크고 단단하다. 어린 시절 어머니와 맺은 관계의 질은 자기 자신은 물론 세상을 신뢰하는 밑바탕이 되는 것이다.

반면, 어린 시절 부모로부터 안전한 환경을 제공받지 못해 불안하고 불편한 상태를 오래 견디어야 했던 사람은 자신의 가치를 신뢰하기가 어렵다. 출산 후 어머니의 건강이 안 좋아졌거나 산후 우울증으로 인해 아이를 돌보기 힘들었거나, 심각한 부부 갈등으로 인해 집안에 긴장감이 많이 흘렀거나, 경제적 어려움으로 인해 아이에게 물리적으로 편안한 환경을 만들어 주지 못했거나, 방임이나 학대가 있었다면 아이에게 세상은 무섭고 불편한 곳으로 인식되고, 그런 세상으로부터 있는 그대로의 자신을 인정받는 것이 대단히 어려운 일이라고 믿게 된다.

자존감은 전체적 자존감(global self-esteem)과 구체적 자존감(specific self-esteem)으로 구분되기도 한다. 구체적 자존감은 영역별 자아 효능감처럼 자신이 가진 세부 영역, 즉 공부, 운동, 친구 사귀는 능력, 미술 등 특정 영역별로 갖는 자존감이다. 이런 영역별 자존감과 자기 가치에 대한 평가가 합쳐져서 전체적 자존감이 형성되는 것이고, 전체적 자존감은 시간과 장소에 따라 크게 달라지지 않고 안정적으로 지속되는 경향이 있다.

자존감 높은 사람의 특성

자존감이 높은 사람은 자신에 대한 긍정적이고 분명한 인식을 가지고 있다. 또 많은 상황에서 확신에 찬 자신감 있는 모습을 보이고 긍정적 결과를 예상한다. 공부를 할 때도 열심히 하는 만큼 좋은 성적을 받을 수 있다는 긍정적 기대를 갖기 때문에 적극적이고 주도적으로 학습하는 모습을 보인다. 설령 기대하는 만큼 좋은 성적을 받지 못하더라도, 외부 상황이나 자신의 무능을 탓하며 좌절하기 보다는, 자신에게 부족했던 부분이 무엇이었는지, 다음에 좋은 결과를 얻기 위해 무엇을 보완하고 어떤 노력을 더 해야 하는지에 대한 생각으로 건설적 대안을 마련할 수 있다.

이들은 또한 낯선 상황에서도 위축되거나 불안해하기 보다는 호기심을 가지고 편안하게 상황을 탐색하며 솔직하게 자신을 드러낼 수 있다. 그래서 유치원이나 학교의 입학, 새로운 학년으로의 진입 등 환경이 바뀌는 상황에서도 불안을 크게 느끼지 않고 빠르게 적응한다. 다른 사람의 눈에 자신이 어떻게 보일지 크게 신경 쓰지 않고, 다른 사람의 평가에도 민감하지 않기 때문에 편안하게 주어진 상황에 빠져들고 즐겁게 생활할 수 있는 것이다.

또한 자존감이 높은 사람은 부모나 교사, 친구들의 평가에 휘둘리지 않고 자신에 대한 긍정적 느낌을 유지할 수 있다. 이들은 자신에 대한 다른 사람의 긍정적 평가를 편안하게 받아들이고 자신의 긍정적인 부분에 대해 더 많이 생각한다. 부정적인 평가를 받는 상황에서도 자신의 높은 자존감을 유지하기 위해 부정적 평가를 상쇄할 만한 자신이 가진 다른 긍정적 모습을 부각시키고, 자신의 단점은 자신 외에도 여러 다른 사람들이 가지고 있는 보편적인 것이라고 생각하며 대수롭지 않게 여기는 경향이 있다.

자존감이 높은 사람은 다른 사람들과 적당한 거리를 유지하며 편안한 관계를 만들 수 있고 책임감 있게 행동한다. 또 자신에게 유익한 관계를 더 많이 만들 수 있고 선의와 친절을 잘 베푼다. 이들은 삶의 역경을 견디는 힘도 강하기 때문에 힘든 상황에서도 포기와 절망보다는 용기와 희망을 더 많이 선택하며 자유롭고 창의적으로 살아갈 수 있다.

자존감 낮은 사람의 특성

자존감이 낮은 사람은 자신이 다른 사람의 사랑과 관심을 받을만한 가치 있는 존재이며 자신에게 주어진 일을 책임감 있게 해낼 수 있는 유능한 사람이라는 확신이 적다. 이들은 이상적으로 만들어 놓은 완벽한 자기와 실제 자기 간의 불일치를 크게 느끼며 불안정하고 불편한 상태에서 세상과 교류한다.

자존감이 낮은 사람은 새로운 사람들과 함께 있거나 새로운 과제를 해야 할 때 사람들이 자신을 싫어할지도 모른다는 두려움과 주어진 과제를 제대로 해내지 못할 것이라는 불안으로 인해 쉽게 위축되고 수동적인 태도를 보인다. 특히 유치원이나 학교의 입학, 학기 초와 같은 새로운 환경에서 사람을 만나야 하는 상황에서 심하게 불안해하며 걱정을 많이 하고, 발표를 하거나 시험을 치르는 것과 같은 평가 상황에서는 크게 긴장하여 능력 발휘를 못하게 된다. 때문에 이들은 새로운 상황에 도전하기 보다는 익숙한 환경에 머무르기를 원하고 여러 사람이 함께 어울리는 자리를 피하게 된다. 이들은 익숙하고 반복적인 일은 무리없이 해

넬 수 있지만 자신의 능력을 평가받거나 실패의 위험이 있는 상황에서는 빨리 포기하거나 크게 동요하여 성공의 기회를 잃게 된다.

또 자존감이 낮은 사람은 일반적인 사람들에 비해 타인의 긍정적 평가에 훨씬 더 많은 기쁨을 느끼고 부정적 평가에 더 많은 불안을 느끼는 극단적인 모습을 보인다. 누군가 자신을 칭찬하면 자신이 대단한 사람처럼 느껴져서 기분이 확 좋아졌다가도, 작은 지적 하나에도 금방 의기소침해지고 우울해지는 것이다. 다른 사람의 평가에 의해 자신이 괜찮은 사람인지 아닌지 크게 달라지기 때문에 타인의 평가에 과민하게 반응하고, 사람들과 함께 있는 상황에서 크게 긴장하게 된다. 자신에 대한 자기의 평가에 확신을 갖지 못하기 때문이다.

자존감이 낮은 사람은 문제가 생기거나 누군가로부터 부정적인 평가를 받는 상황에서도 일반적인 사람에 비해 크게 좌절하고 회피하거나 분노하는 경향을 보인다. 다른 사람이 하는 충고나 격려, 제안의 말들도 있는 그대로 받아들이기 보다는 무시나 거절의 메시지로 받아들이기 때문에 객관적으로 문제를 분석해서 자신을 발전시키거나 문제를 해결하려하기 보다는 쉽게 상처받고 위축되어 수동적으로 대처하게 된다. 자기주장이 필요한 상황에서도 자신의 생각이나 의견을 표현하지 못해서 참고 넘어가다가 갑자기 사소한 이유로 크게 화를 폭발하거나 울음을 터뜨려 버리기 때문에 가족, 친구, 직장 동료 등과의 관계가 원만하지 못하고 쉽게 단절된다.

자존감이 낮은 사람은 또한 죄책감과 수치심을 많이 느낀다. 이들은 부모나 교사, 친구와 같은 의미있는 주변 사람에게 의존적인 태도를 보이고 그들의 평가에 자신을 맞추려고 하기 때문에, 그들의 기대를 충족시키지 못하면, 그것이 자신의 나쁘거나 모자란 부분 때문이 아니었음에도 불구하고, 자신을 탓하며 죄책감과 수치심을 느끼게 되는 것이다.

자존감이 낮은 사람은 자신의 낮은 자존감을 감추고 상처받지 않기 위해 나름의 행동 전략을 가지고 세상과 교류한다. 이러한 행동 전략은 의식적이기보다는 무의식적이기 때문에 주변 사람은 물론 본인도 잘 인식하지 못한다. 자존감이 낮은 사람이 스스로 상처받지 않기 위해 취하는 행동 전략은 다음과 같다.

자기 감추기 전략

사람들 눈에 띄지 않게, 있는 듯 없는 듯 조용하게 생활하는 전략이다. 이 전략을 주로 쓰는 사람은 집단 내에 들어가기 보다는 집단 경계선 어딘가에 한 발을 걸쳐 놓고, 다른 사람들을 관찰하며 그들의 마음과 생각을 읽고 있지만, 그들과 편안하게 어울리거나 그들에게 자신의 속내를 보여 주지는 않는다. 거부당하는 것에 대한 강한 두려움 때문이다. 이 전략을 주로 쓰는 사람은 혼자 지내는 시간이 많고 말이 없기 때문에 부끄러움을 많이 타거나 소극적인 사람이라는 인상을 준다.

자기 낮추기 전략

의도적으로 자신의 장점을 감추고 단점을 부각시켜 사람들로 하여금 자신에게 어떠한 기대도 하지 않거나 처음부터 매우 낮은 기대만 하게 만드는 전략이다. 이 전략을 주로 쓰는 사람은 처음부터 "나는 그것을 잘할 수 없어요."라는 메시지를 전달한다. 이들은 자신을 무능한 사람으로 설정하기 때문에, 상대로 하여금 자신에 대한 기대 수준을 낮출 수 있고, 그만큼 상대의 기대를 충족시키지 못해서 자신이 받을 상처를 줄일 수 있는 것이다. 또 이 전략은 책임을 많이 져야 하는 힘든 일들이 자신에게 주어지지 않게 하는 이점도 있다.

자신을 내세우지 않고 낮추기 때문에 겸손하다는 인상을 주기도 하지만, 자신의 잘못이 아닌 상황에서도 "잘못했습니다.", "죄송합니다."와 같은 말을 자주 하고 의도적으로 자신을 부족한 사람으로 설정하기 때문에, 무시해도 괜찮은 사람이라는 인상을 주거나 괴롭힘의 대상이 되기 쉽다.

자기 과장하기 전략

사람들에게 무시당하지 않기 위해 실제보다 자신을 부풀려 드러내는 전략이다. 이 전략을 주로 쓰는 사람은 있는 그대로의 자신을 보여 주면 사람들이 자신을 싫어하거나 무시할 것이라고 믿기 때문에 필요 이상으로 자신의 강점을 부각시킨다. 자신의 강점을 드러낼 수 없는 상황에서는 주변 다른 사람의 약점을 부각시켜 상대적 우위를 점하려 하기도 하고 속임수나 거짓말을 하기도 한다. 이들은 관계의 초반에는 다른 사람에게 자신감 있고 당당해 보이기도 하지만, 자주 만나다 보면 거만하고 이기적이라는 인상을 주게 된다.

자존감, 누구나 갖는 것인가?

세상 모든 사람은 자존감을 가지고 있는 걸까?

자존감은 타고 나는 것일까?

자존감이 없어도 사는데 별 문제가 없지 않을까?

어른들에게나 자존감이 중요하지, 어린 아이들에게는 소용없는 것 아닌가?

자존감과 관련된 이러한 질문들은 미국심리학회장을 역임했던 매슬로우(Maslow)가 이론화한 욕구 위계 이론을 살펴보면 답을 찾을 수 있다. 매슬로우는 인간의 욕구를 피라미드와 같은 위계를 가지고 설명했는데, 아래 단계의 욕구일수록 개인에게 많은 힘을 발휘하는 중요한 욕구이고, 위 단계로 갈수록 영향력과 중요성이 작아지는 욕구로 세분화하였다. 그리고 아래 단계의 욕구가 채워져야 그것보다 위에 있는 조금 더 높은 수준의 욕구를 추구하고자 하는 동기가 생긴다고 주장하였다.

　매슬로우는 인간의 욕구를 7단계로 나누었는데, 그 중 자존의 욕구는 4번째 욕구에 해당한다. 자존의 욕구 아래쪽에는 생리적 욕구, 안전의 욕구, 소속 및 사랑의 욕구가, 자존의 욕구 위쪽에는 지적인 욕구, 심미적 욕구, 자아 실현의 욕구가 순서대로 자리하고 있다.

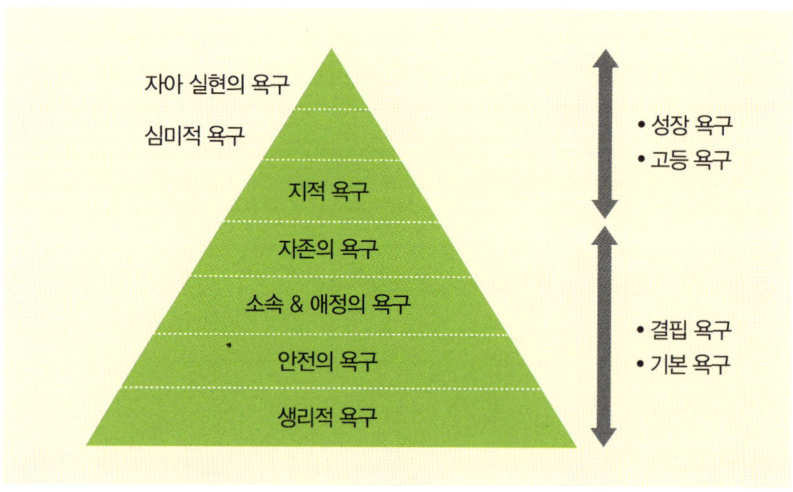

[그림 2] 매슬로우(Maslow)의 인간의 욕구 7단계

맨 아래에 자리잡고 있는 생리적 욕구는 가장 기본이 되는 욕구이다. 누구나 먹고, 자고, 배설하는 등의 생리적 욕구가 인간의 생존에 절대적으로 필요하다는 것을 부정할 수 없다. 그만큼 생리적 욕구는 인간에게 중요하며, 생리적 욕구가 채워지지 않는 상태에서는 다른 욕구가 나타나기 어렵다. 밥 먹는 것도 건너뛰고 마냥 뛰어 놀기도 하고, 잠을 줄여가며 공부를 하기도 하지만, 생리적 욕구가 우선 충족되지 않은 상태에서의 다른 활동은 오래 지속되기 어렵다.

생리적 욕구가 충족되고 나면 안전의 욕구가 나타난다. 안전의 욕구는 추위, 질병, 위험 등으로부터 자신을 보호하고자 하는 욕구이다. 생리적 욕구처럼 생명 유지를 위해 필수적인 욕구이다. 언제, 어디서, 무엇이 나타나서 나의 생명을 위협할지 모르는 불안한 상황을 피하고 편안한 상태에 있고자 하는 욕구이다.

아이들의 경우 부모가 방임하거나 학대하는 경우에는 생리적 욕구와 안전의 욕구가 충족되지 못한다. 말을 안 듣는다고 밥을 굶기거나 성적이 떨어졌다고 마구잡이로 아이를 때리면 아이는 생명 유지라는 절대적 사명 때문에 부모를 경외시 하고 높은 불안을 안은 채 살아가게 된다. 학교에서 교사나 또래들로부터 폭력을 당하는 경우도 안전의 욕구가 위협받는 상황이다. 이렇게 생존의 욕구나 안전의 욕구가 위협받는 상황에서 자존의 욕구는 매우 사치스러운 욕구이며, 잘 나타나지 않는다. 굴욕적이어도 집에서 쫓겨나지 않기 위해서는 잘못을 빌어야 하고, 안 되는 줄 알지만 선배에게 맞지 않기 위해서는 다른 친구의 돈을 빼앗아 와야 한다. 욕구가 이 단계에 머물러 있을 때는 자신을 존중하기 위한 행동이 아니라 살아남기 위한 행동을 하는 것이 자연스럽다.

안전의 욕구 바로 위의 욕구는 소속과 사랑의 욕구이다. 소속과 사랑의 욕구는 어떤 집단에 소속되어서 그 속에 속한 다른 사람들로부터 환영받고 사랑받고 싶은 욕구이다. 어려서는 가족 안에 소속되어 가족들로부터 사랑받는 것으로도 충분하지만, 성장과 함께 사랑받고자 하는 대상이 확대되어 또래 친구나 이성 친구로 옮겨가게 된다. 하지만 친구나 다른 사람들로부터 사랑을 받더라도 가족으로부터 받는 사랑과 가족 안에서 느끼는 소속감은 여전히 중요하다.

생존과 관련된 욕구 바로 위에 소속과 사랑의 욕구가 자리한 것은 사람들이 생명 다음으로 사회적 관계를 중요시함을 의미한다. 사람은 누구나 일상적인 생활 속에서 사람들과 자연스럽게 마음을 교류하고 사랑을 나누고자 하는 욕구를 가지고 있는 것이다. 사람들이 가족, 친구들 사이에서 자신이 의미 있는 존재이기를 바라고 그 사람들과 친밀감을 나누고 싶어 하는 것은 매우 자연스러운 것이다. 사랑은 특별한 날 한껏 기분을 내며 먹는 고급 레스토랑의 음식이 아니라 매일 먹는 소박한 밥과 같다. 그러니 생존이 해결되고 나면 사랑을 주고 받고 싶은 욕구가 제일 중요해지는 것이다.

가족 간의 정서적 교류가 별로 없거나 싸움이 잦은 경우, 형제들 간의 경쟁이 심한 경우, 부모로부터 비난이나 잔소리를 많이 듣는 경우, 친구들과 잘 어울리지 못하고 외톨이로 지내는 경우에는 사랑과 소속의 욕구가 채워지기 힘들다. 이런 경우 자존의 욕구보다는 소속과 사랑의 욕구가 더 중요하기 때문에 자신의 욕구보다는 다른 사람의 욕구를 우선시하고 그들이 원하는 대로 자신을 맞추려 애쓰게 된다. 변덕스러운 엄마 기분을 살피며 엄마가 좋아할만한 행동을 하거나, 자신을 무시하는 친구에게 잘 보이기 위해 집에 있는 물건을 가져다주기도 하는 것은 소속감을 느끼고 사랑받고 싶은 욕구를 채우기 위한 행동이다. 소속과 사랑의 욕구가 채워지지 않기 때문에 자존감을 높이기 위해 애쓰기 보다는, 낮은 자존감을 가진 채 다른 사람들에게 인정받고 사랑받기 위한 불편하고 부자연스러운 행동을 하게 되는 것이다.

자존의 욕구는 소속과 사랑에 대한 욕구가 충족되어야 나타난다. 자존의 욕구는 자신을 가치 있는 사람으로 인정받고 싶어 하는 욕구이다. '나도 이 정도면 괜찮은 사람이야.', '내게 약간의 부족함이 있다고 해도 나는 여전히 가치있는 존재야.' 하는 믿음이 자존의 욕구를 충족시키는 밑거름이 되는 것이다. 주변 사람, 특히 부모로부터 자신의 능력과 가치를 인정받을 수 있을 때 자존의 욕구가 채워질 수 있다.

자존의 욕구 위에는 지적인 욕구가 자리하고 있다. 자신의 가치와 능력에 대한 믿음을 갖게 되면, 이제 자기를 벗어난 주변에 관심을 돌릴 수 있게 되는 것이다. 주변의 현상, 사물에 대한 궁금증과 세상이 움직이는 원리에 대한 학문적 관심을 갖고 탐구하고자 하는 지적인 욕구가 나타난다는 것은, 자신이 생존을 위협받지 않는 안전한 상황에서 사랑과 존중을 받으며 살고 있다는 확신을 갖게 되었다는 것과 같은 의미가 된다. 지적인 욕구가 충족되고 나면 보다 아름답고 완벽한 것, 철학적인 것에 대한 관심을 바탕으로 심미적 욕구가 나타나게 되고, 이후 자신의 잠재력을 끝까지 실현시켜 사회에 기여하고자 하는 자아실현의 욕구가 나타나게 되는 것이다.

매슬로우는 생리적 욕구, 안전의 욕구, 소속과 사랑의 욕구, 자존의 욕구를 기본 욕구이자 결핍 욕구로, 지적인 욕구, 심미적 욕구, 자아실현의 욕구를 고등 욕구이자 성장 욕구로 구분하였다. 기본 욕구는 모든 사람이 공통적으로 충족시키고자 애쓰는 욕구라는 의미이다. 그리고 기본 욕구가 충족되지 않으면 여러 가지 심리적·적응적 문제를 일으키기 때문에 기본 욕구는 동시에 결핍 욕구이기도 하다. 반면, 고등 욕구는 더 나은 삶을 추구하고자 하는 성장의 욕구이기 때문에 사람마다 추구하는 정도도 다르고 이 욕구들이 충족되지 않는다고 해서 삶에 큰 문제를 일으키지는 않는다. 고등의 욕구를 충족시키게 되면 삶의 질이 향상되고 삶이 풍요로워지지만, 충족되지 않는다고 해도 사는 데는 별 지장이 없다.

자존의 욕구는 기본 욕구의 맨 위, 성장 욕구 바로 아래에 자리 잡고 있다. 자존의 욕구는 모든 사람이 기본적으로 추구하는 욕구이며, 충족되지 않으면 문제가 되는 결핍 욕구이면서, 동시에 기본 욕구와 성장 욕구를 이어주는 욕구이다. 자존의 욕구가 충족되느냐 그렇지 않으냐에 따라 성장 욕구가 나타나느냐 그렇지 않으냐를 결정하는 중요한 욕구인 것이다.

자신의 가치와 능력에 대한 믿음은 성장을 만들어내는 근원이 된다. 자존감은 부모를 포함한 자신에게 의미 있는 사람들의 사랑에만 안주하여 그들이 원하는 대로 사는 것이 아니라, 나를 가치 있게 만드는, 내가 원하는 삶을 살게 만드는 힘이다. 또한 자존감은 자신의 생명을 지켜주고 자신을 보살펴 준 부모의 품으로부터 독립하여 하나의 온전한 개체가 되기 위한 필수적인 힘이기도 하다. 그러니 심리적으로 건강한 모든 사람은 자존감을 가지고 있으며, 어린 아이들에게도 자존감은 매우 중요하다.

요약하여, 서두에서 했던 질문들에 대한 대답을 종합하면 다음과 같다. 자존감은 세상 모든 사람이 기본적으로 가지고 있는 감정이지만, 생존이 보장되고 사랑의 욕구가 우선 채워져야 자연스럽게 나타나는 감정이다. 자존의 욕구는 꼭 충족되어야 하는 기본 욕구이며 자존감을 갖지 못하는 사람은 심리적으로 다양한 문제를 갖기 쉽다. 또 자존감을 갖지 못한 사람은 부모를 포함한 주변 환경으로부터 자신을 독립시키지 못하고, 더 나은 자기 자신을 만드는데 필요한 성장의 원동력을 갖지 못하며, 자존감은 어른뿐만 아니라 아이에게도 매우 중요한 감정이다.

자존감이 높은 사람이
더 성공할까?

자존감이 높은 사람은 공부를 더 잘할까?

자존감이 높은 사람은 승진도 더 잘하고, 돈도 더 잘 벌까?

자존감이 높은 사람이 더 성공할까?

만일 이 질문에서 말하는 성공이 좋은 대학, 높은 지위, 많은 돈과 같은 사회적 성공을 말한다면, 자존감이 성공에 미치는 영향은 단정 지을 수 없다. 연구에서도 일관된 결과를 내놓지 못하고 있고, 영향이 거의 없다는 연구도 발표된 바 있다. 실제 주변 사람들만 봐도 자존감과 상관없이 사회적 성공을 이룬 사람은 무수히 많다.

왜 그럴까? 하나는 사회적 성공에 영향을 미치는 변인이 매우 다양하기 때문이다. 자존감은 성공에 영향을 미치는 무수히 많은 변인 중 하나이기 때문에 누구를 대상으로, 언제, 어떤 방식으로 연구를 진행하느냐에 따라 자존감이 성공에 미치는 영향의 정도가 다르게 측정될 수 밖에 없는 것이다. 또 다른 하나는 자존감이 높은 사람은 현실을 냉정하고 객관적으로 바라보기 보다는 긍정적이고 희망적으로 바라보기 때문에 현실적 경쟁 상황에서는 오히려 성공에 불리할 수도 있기 때문이다.

자존감이 낮은 사람은 자존감이 높은 사람에 비해 자신에 대한 외부의 평가에 민감하다. 때문에 다른 사람에게 좋은 평가를 받기 위해 그 사람의 요구나 필요에 맞추어 자신의 행동을 조절하려 한다. 이것은 자기 자신에게는 매우 어렵고 피곤한 일이지만, 타인이나 조직에게는 도움이 되는 경우가 많다. 조직에서는 남의 눈치 안 살피고 자기한테 주어진 일을 성실히 하면서 유쾌하게 지내는 자존감 높은 사람보다는, 상사와 동료들 눈치 살피며 더 좋은 근무 평가와 평판을 얻기 위해 필요 이상의 일을 하며 스트레스를 견디는 자존감 낮은 사람이 더 필요한 사람일 수 있기 때문이다.

자존감이 낮은 사람은 자신에 대해 부정적으로 평가하고 다른 사람에게 부정적으로 평가될만한 자기 모습을 감추기 위해 애쓰는 반면, 자존감이 높은 사람은 자신에 대해 호의적으로 평가하고 다른 사람이 자신을 평가하는 내용 중에서도 자신의 지각과 일치하는 호의적인 부분에 더 많이 초점을 맞추는 특성이 있다. 또 자존감이 낮은 사람은 자신에 대한 타인의 평가 중 긍정적인 부분과 부정적인 부분 모두에게 비슷한 관심을 기울이지만, 자존감이 높은 사람은 다른 사람의 긍정적 평가를 과대지각하고 부정적 평가를 과소지각하는 특성이 있다. 자신에 대한 부정적 평가는 다른 사람들도 어느 정도는 가지고 있는 사소한 것이라고 생각하거나, 자신을 평가하는 다른 사람이 자신에 대해 잘못 알고 있는 것이라고 생각하기 때문에 자존감이 낮은 사람에 비해 타인의 평가로부터 상처를 덜 받는다. 이것은 행복감과 평온함을 느끼기에는 매우 유리한 조건이지만, 현실에서의 성공을 이끄는 데는 유리하지 않을 수도 있다.

또 자존감이 낮은 사람은 실패와 부정적 결과의 가능성을 크게 지각하지만 자존감이 높은 사람은 성공에 대한 기대가 크다. 그러니 자존감이 낮은 사람은 실패나 위기를 암시할만한 상황을 재빠르게 감지하고 대책을 세우지만, 자존감이 높은 사람은 그런 현실적 대처를 게을리할 수 있다. 그러니 수많은 위험 요소가 존재하는 현실 세계에서는 자존감이 낮은 사람이 오히려 생존과 성공의 확률이 높아질 수 있는 것이다.

성적도 마찬가지이다. 자존감 높은 아이들이 자존감 낮은 아이들에 비해 성적이 좋다는 연구 결과도 있지만, 그렇지 않다는 연구 결과도 있고, 자존감이 높아서 성적이 좋은 것인지, 성적이 좋기 때문에 자존감이 높아진 것인지 밝히기 어렵다는 연구도 있다.

성적은 자존감보다는, 공부를 열심히 하는 정도와 지능이 높은 정도의 영향을 더 많이 받는다. 자존감 높은 아이가 공부에 흥미도 있고 머리도 좋다면 당연히 높은 성적을 받겠지만, 자존감이 높다고 해서 모든 아이들이 높은 학습 동기와 지능을 갖고 있지는 않다. 자존감 높은 아이들 중에는 "내가 이렇게 무능한 사람이 아니라는 것을 보여 주겠어. 이까짓 공부, 내가 해서 성적 올리면 되지." 하며 공부에 매진하는 아이도 있지만, "공부 좀 못하는 게 뭐가 그렇게 대수라고 저러지? 성적이랑 상관없이 나는 내가 좋아." 하며 공부를 하지 않고 즐겁게 생활하는 아이도 있다.

마찬가지로, 자존감이 낮은 아이들 중에서도 "나는 뭐를 해도 안 돼. 공부를 한다고 해도 내 성적은 안 오를 거야." 하며 공부에서 손을 떼는 아이도 있지만, "내 성적이 떨어지면 아무도 나를 좋아하지 않을 거야. 성적을 올려서 사람들한테 인정받고 싶어." 하며 공부에 매달리는 아이도 있다. 그러니 자존감이 높으면 공부도 더 잘하게 된다는 믿음보다는 공부를 열심히 하면 공부를 더 잘하게 될 거라는 믿음이 더 옳다.

이렇듯 자존감이 높다는 것이 곧 직업에서의 성공이나 높은 성적을 보장하는 것은 아니다. 하지만 자존감은 심리적 건강성, 사회적 관계, 직업에서의 만족도 등에 영향을 미친다. 자존감이 높은 사람은 유쾌한 정서를 더 많이 경험하고 우울과 불안을 덜 느끼며, 가족이나 친구들과 더 좋은 관계를 유지하고, 직업에서 느끼는 만족감도 높다. 그래서 자존감이 높은 사람은 사회적 성공과 상관없이, 행복하다. 이것이 자존감이 중요한 이유이다.

자존심과 자존감은
어떤 차이가 있을까?

늘 자신이 최고이어야 하고 중심에 있어야 하는 사람들이 있다. 이들은 다른 사람에게 지는 상황을 참지 못하고 지지 않기 위해 안간힘을 쓴다. 이런 사람들을 흔히 '자존심이 세다'고 표현하기도 한다. 자존심이 세서 지는 것을 못 참아 하는 사람은 자존감도 높은 것일까?

자존심과 자존감을 혼용해서 쓰기도 하지만, 엄밀하게는 다른 개념이다. 자존심은 다른 사람보다 나은 자신의 상태를 통해 자기를 인정하는 마음이지만, 자존감은 다른 사람과의 비교에서 꼭 이겨야만 생기는 마음이 아니다. 다른 사람보다 못한 모습이 있어도 스스로를 인정하고 사랑하는 마음이 자존감이다.

높은 자존심을 유지하기 위해서는 항상 자신보다 못한 사람이 옆에 있어야 하지만, 자존감은 그렇지 않다. 자존감 역시 비교를 통해 형성되고 유지되는 면이 있지만, 자존감이 높은 사람은 자신의 성장을 위해 자기보다 잘난 사람에게서 배울 점을 찾고 그들과 함께 어울릴 수 있다. 자신에게 모자라는 부분이 있어도 여전히 자신은 괜찮은 사람이라는 확신이 있기 때문이다.

자존심은 세지만 자존감이 낮은 아이들 중에는 일부러 자신보다 못한 친구를 옆에 두며 그 친구를 위안 삼거나 그 친구를 괴롭히는 아이들이 있다. 겉으로 쉽게 드러나는 얼굴, 키, 성적, 집안 형편 등에서 자신보다 못한 친구를 통해 자신의 우위를 뽐내고 싶어 하는 것이다. 자신보다 못하다고 믿었던 친구나 경쟁 관계에 있는 친구에게서 자신보다 나은 점이 나타나면, 이것을 참을 수 없어 친구를 곤경에 빠뜨리거나 친구의 험담을 하면서 교묘하게 따돌리기도 한다.

자존감은 낮으면서 자존심은 센 사람들 중에는 자아도취적 성격(narsistic personality)*을 갖는 사람도 많다. 자아도취적 성격을 지닌 사람들은 '나는 다른 사람보다 우월하고 특별하고 독특하다.'는 신념을 가지고 있다. 이들은 자기 능력을 과장해서 인식하고 있기 때문에 자신감이 넘치고, 자신을 유능한 사람으로 보이게 하기 위해 과시적으로 행동하고 거짓말과 합리화도 잘한다. 또 다른 사람을 단지 자신을 돋보이게 하고 기분좋게 할 도구로 생각하기 때문에 그들과 서로 도움이 되는 관계를 지속하기 보다는 일방적으로 이용하거나 착취하다가 상대가 자신을 중요한 사람으로 보이게 하는데 도움이 되지 않거나 자기만족에 도움이 되지 않으면 냉정하게 관계를 정리하고 떠나버린다.

---

* 자아도취적 성격에 대해 보다 자세히 알고 싶은 사람은 『나는 왜 나를 사랑하는가』(진 트윈지, 키스 캠벨 공저, 이남석 편역, 옥당출판사)를 참고하기 바란다.

이것이 심해지면 자아도취적 성격 장애(narsistic personality disorder)
로 발전하여 자기가 주요 인물이며 특별한 대접을 받아야 한다는 과장
된 생각과 느낌으로 명성, 부, 성공욕에 집착하고 이를 위해 남을 잘 이
용하는 행동을 빈번히 하는 인격을 갖게 된다. 이들이 성공적으로 사회
에 적응했을 때는 많은 부와 명성을 얻는 기업 임원, 고위직 행정 간부,
정치인 등으로 명망을 날리지만, 그렇지 못한 대부분의 사람들은 직장에
서의 실패, 사회적 관계에서의 고립, 우울증 등으로 비참한 인생을 마감
하게 된다. 사회적 성공을 이루었건 그렇지 못했건 공통적으로 친밀한 인
간관계를 형성하지 못하기 때문에 가족을 포함한 주변 사람들로부터 자
기 이익을 위해서는 누구든 가해할 수 있는 자기중심적이며 착취적인 사
람이란 비난을 받으며 외롭게 살게 된다.

장애 진단이 내려질 정도는 아니더라도, 자아도취적 성격을 갖는 사람
은 주위에서 드물지 않게 볼 수 있다. 자아도취적 성격은 과거에는 남성
에게서 흔히 보고되었지만 최근에는 여성의 수가 꾸준히 증가하고 있고
미국인의 경우 16명 중 1명꼴, 즉 전체의 6.2%로 보고된다. 또 젊은층일
수록 수치가 높아져 20대의 경우 10명 중 1명꼴로 나타나며, 이 수치는
계속 증가하는 추세이다. 우리나라의 경우 정확한 통계치가 없지만, 미국
과 크게 다르지 않을 것으로 예측된다.

이렇게 자아도취적 성격이 증가하는 이유 중 하나로 지나치게 허용
적인 양육 태도와 개인 중심의 문화가 지적되고 있다. 부모가 자식을 너
무 귀하게 키우면서 자식이 원하는 것은 다 해 주고, 네가 세상에서 제

일 잘났다는 인식을 만들어 주었기 때문에 아이는 세상이 자신을 중심으로 움직이고 세상 모든 사람들이 자신을 부모처럼 떠받들어 주는 것을 당연하게 생각한다는 것이다. 거기에 남이야 어떻든 나만 좋으면 그만이라는 생각이 사회 전반에 팽배해져 자신의 이익을 위해 타인을 이용하고 착취하는 것에 별다른 죄의식을 못 느끼는 문화도 한 몫을 해 점점 더 많은 사람들이 자아도취적인 성격을 갖게 되는 것이다.

자존심만 세고 자존감은 낮은 아이는 행복도 성공도 만들기 어렵다. 자존심만 센 사람은 자신의 부족한 부분을 인정한 후 그 부족한 부분을 바꿀 수 있다고 믿으며 꾸준히 노력하여 변화를 만드는 과정을 거부한다. 자신의 부족함을 인정하지 않기 때문에, 내가 어떤 사람인데 이런 대우를 하냐며 다른 사람과 세상을 무시하다가, 어느 날 세상에 자기보다 잘난 사람이 너무 많다는 것을 깨닫고 깊은 우울에 빠지거나 세상에 대한 분노를 표출하게 된다. 그러니 자존감은 낮으면서 자존심이 세다는 것은 매우 위험한 상태이다. 이것이 부모인 우리가 자녀를 자존심 센 사람이 아니라 자존감 높은 사람으로 자라게 도와야 하는 이유이다.

자존감, 무엇을 근거로 만들어지나?

인간은 누구나 인정받고 싶은 욕구를 가지고 있다. 인정받고자 하는 욕구 덕분에 인간은 스스로를 발전시켰고 인류의 발전에도 기여해왔다. 인정은 존재 자체에 대해서 비교 대상 없이 주어지기도 하지만, 대부분의 인정은 성과에 대한 평가나 다른 대상과의 비교를 통해 주어진다. 때문에 인정 욕구는 타인과의 비교 과정에서 무언가 더 낫다고 평가되는 것이 있어야 충족될 수 있다.

자존감 역시 진공 상태가 아니라 사람들과의 상호작용 과정에서 그들로부터 받는 피드백을 통해 만들어지기 때문에 타인보다 나은 무언가가 있을 때 높게 형성된다. 자존감은 비교를 통해 만들어지는 감정인 것이다.

비교는 자기 내적으로 만든 기준에 의해서도 이루어지고, 외부에 존재하는 기준에 의해서도 이루어진다. 마음속으로 친구 누구보다는 내 인기가 많은 것 같다는 생각을 하면서 자존감이 높아지기도 하고, 학교에서 주는 상을 받게 되면서 자존감이 높아지기도 하는 것이다.

비교의 대상은 외부의 다른 사람이 되기도 하고 나 자신이나 되기도 한다. 드물지만 실존하지 않는 인물이 비교 대상이 될 수도 있다. 형 보다 나은 영어 실력이 자존감을 높이기도 하고, 작년에 비해 훌쩍 자란 키 때문에 자존감이 높아지기도 한다. 혹은 존경하는 인물과 닮아가는 자신을 보며 자존감을 높일 수도 있다.

자존감을 보다 견고하고 안정적인 상태로 높이기 위해서는 외부의 기준보다는 자기 내적 기준으로 다른 사람보다는 과거 자기 자신의 상태를 기준으로 비교를 하는 것이 좋다. 스스로 중요하게 생각하는 영역에서 자신이 만든 변화와 성장에 초점을 맞춰 스스로를 평가할 때 자신의 가치와 능력이 더 긍정적으로 평가될 수 있기 때문이다. 하지만 이러한 자기 자신에 의한, 자기 자신을 기준으로 한 평가 역시 진공 상태에서 이루어질 수 없기 때문에 다른 사람에 의한, 다른 사람들 사이에서의 비교를 온전히 피할 수는 없다.

자존감의 영역별 구분

사람마다 성별이나 연령에 따라 차이가 있지만, 사람들이 공통적으로 비교 근거로 삼아 자존감을 높이거나 낮추는 영역은 다음과 같다. 이 영역에서 다른 사람보다 혹은 과거의 자신보다 나은 부분을 인식할 때 자존감은 높아지는 것이다.

1) 인지 영역 : 학습 능력

자존감을 느끼는 대표적 영역은 문제 해결 능력을 포함하는 인지적 능력이다. 자존감을 느끼는 인지 능력은 사람마다 차이가 있고 자신이 처한 현실에서 요구받는 능력이 무엇이냐에 따라 달라진다. 직장인이라면 업무처리 능력을 통해, 어린 아이를 키우는 주부라면 육아 능력을 통해 평가된다. 학령기 아이들의 경우 학습 능력, 즉 성적을 통해 평가된다.

공부를 얼마나 잘 하느냐는 자존감에 매우 큰 영향을 미친다. 특히 우리나라와 같이 학습에 대한 기대가 높고 어려서부터 학습을 많이 시키는 사회에서는 높은 학습 능력이 곧 높은 자존감으로 이어진다. 학습 능력이 높은 아이는 학교에서 교사에게 많은 인정과 칭찬을 받기 때문에 학교에 가는 것을 즐거워한다. 호기심이 많고 배우는 것을 좋아하기 때문에 빠르게 많은 것을 습득하고 자연스럽게 상위권 성적을 받게 된다.

학습 능력은 지능의 영향을 많이 받는데, 불공평하게도 지능은 상당 부분 유전과 초기 환경에 의해 결정된다. 어떤 아이는 부모의 뛰어난 학습 유전자를 물려받거나 부모 덕분에 어린 시절 윤택한 교육적 문화적 자극을 받아 뛰어난 지능을 갖게 되지만, 어떤 아이는 학습 영역에서는 별 경쟁력 없는 유전자만 물려 받거나 어린 시절 별다른 자극을 받지 못한 채 성장해 낮은 지능을 갖게 되는데, 이것은 자기 자신의 노력이나 선택에 의한 것이 아니다.

2) 신체 영역 : 외모 및 운동 능력

신체 영역은 외모나 운동 능력과 관련되는 영역이다. 신체 영역에서 높은 자존감을 가진 아이는 자신의 얼굴이 예쁘거나 멋지다고 생각하고, 운동을 좋아하거나 잘한다.

대부분의 문화권에서는 남성의 경우 큰 키, 건장한 체격, 이목구비가 뚜렷하고 균형있는 얼굴을, 여성의 경우 날씬한 체격, 작고 귀여운 얼굴, 하얀 피부 등 멋진 외모에 대한 기준을 가지고 있다. 자신의 외모가 이 기준에 가까울수록 신체 영역에서의 자존감이 높아지는 것은 당연하다. 운동 능력 역시 자존감에 영향을 미치는데, 특히 남자 아이의 경우 뛰어난 운동 능력이 곧 남성스러움의 상징이기 때문에 운동을 잘하면 또래에서 많은 인정을 받고 높은 자존감을 형성하게 된다. 이러한 신체 영역의 자존감은 이성에 대한 관심이 높아지고 이성으로부터의 인기가 중요해지는 사춘기 이후의 자존감에 특히 많은 영향을 미치게 된다.

이 영역 역시 개인의 노력보다는 유전자에 의해 결정되는 영역이다. 어떤 아이는 호감형의 귀여운 외모 덕분에 수월하게 인기를 얻을 수 있지만 어떤 아이는 지나치게 크거나 작은 키, 왜소하거나 뚱뚱한 체격 때문에 처음부터 비호감으로 분류되어 따돌림을 당할 수도 있다. 타고난 체력과 운동신경이 뛰어나다면 반대표로 축구 시합에 나갈 수 있지만, 그렇지 못하다면 한쪽에 쭈그리고 앉아 구경만 해야 한다. 이렇게 물려받은 외모와 운동 능력으로 인해 환경과 긍정적 혹은 부정적 상호작용을 지속하는 과정에서 신체와 관련된 자존감이 형성되니, 이 역시 불공평한 영역이라 할 수 있다.

3) 물질 영역 : 부모의 사회 경제적 지위 및 소유물

내가 무엇을 소유하고 있느냐, 어떤 가족 배경을 가지고 있느냐도 자존감의 근원이 된다. 어릴 때는 어떤 장난감, 게임기를 가지고 있느냐에서 시작하지만 점점 아이들은 얼마나 큰 집에 살고 있느냐, 집에 어떤 가전 제품을 갖추고 있느냐, 부모의 직업이 무엇이냐를 기준으로 다른 사람과 자신을 비교하기 시작한다. 사람들이 가장 인정하기 싫어하고 제도적으로 없애기 위해 노력하는 영역이지만, 아이들이 부모의 재산이나 학력, 직업, 살고 있는 집의 위치나 평수, 심지어 입고 있는 옷의 가격에 의해 누가 더 우위에 있는지를 암묵적으로 혹은 공공연하게 결정하는 것이 현실이다.

우리가 살고 있는 자본주의 사회에서는, 물질적으로 많이 가진 사람은 그렇지 않은 사람에 비해 자신의 능력을 더 신뢰하고 존중받아 마땅하다고 생각한다. 성인의 경우 이러한 물질적 소유는 자신의 능력과 노력에 의해 결정되는 부분이 많지만, 아이들의 경우에는 부모의 사회 경제적 지위에 의해 이미 결정되어진 부분이기 때문에 불공평함이 매우 크게 존재하는 영역이다.

4) 대인관계 영역 : 사회성

가족, 친구, 선생님 등의 의미있는 사람들과 얼마나 잘 어울리고 그들로부터 어떤 좋은 평판을 얻느냐도 자존감에 큰 영향을 미친다. 유아기에는 가족 안에서 느끼는 안정감과 가족으로부터 받는 사랑이 자존감 발달에 훨씬 큰 영향을 미치지만, 아동기 이후에는 또래들과의 관계 속에서 경험하는 긍정적 경험이 더 큰 영향을 미치게 된다. 또래로부터 재미있고 괜찮은 친구로 인식되고 인기를 얻게 되면 높은 자존감을 형성하지만, 친구들 사이에 끼지 못하고 혼자 지내거나 따돌림을 당하게 되면 자존감은 떨어질 수밖에 없다.

때문에 자존감이 높은 아이는 외향적이고 사교적인 모습을 보인다. 낯선 사람들 사이에서도 편안하게 자신을 드러내고 유쾌하고 적극적으로 행동할 수 있다. 반대로 자존감이 낮은 아이는 여러 사람이 함께 있거나 낯선 환경에서 소심하고 방어적인 태도를 보인다. 학년 초와 같이 새로운 친구를 사귀어야 하는 상황에서 크게 위축되고 스트레스를 많이 받는다.

대인관계 영역 역시 기질과 같은 타고난 성향의 영향을 받기도 하지만, 다른 영역에 비해 후천적으로 발달시킬 수 있는 여지가 큰 영역이다. 내향적인 사람보다는 외향적인 사람이, 겁이 많은 사람보다는 대담한 사람이 대인관계를 더 잘 형성할 가능성이 높지만, 외향적이거나 대담한 기질을 타고나지 않은 사람 역시 대인관계에 필요한 기술과 태도를 익히면 원만한 대인관계를 형성할 수 있고, 자신만의 대인관계 스타일을 개발할 수도 있다. 때문에 대인관계 영역은 자기 스스로의 노력에 의해 자존감을 높일 가능성이 큰 영역이라 할 수 있다.

5) 인성 영역 : 성품

용기, 인내, 배려, 성실, 도덕 등의 성품도 자존감에 영향을 미친다. 스스로를 용기 있다거나 인내력이 강하다고 믿고, 타인에 대한 배려심이 높거나 성실하고 도덕적이라고 믿는 사람은 자존감이 높다. 반면 스스로를 비겁하거나 자제력이 낮고 이기적이고 게으르다고 믿는 사람은 낮은 자존감을 가지게 된다.

성품은 다른 영역에 비해 추상적이기 때문에 어린 아이보다는 성인의 자존감에 더 큰 영향을 미친다. 또한 성품은 다른 영역에 비해 유전자나 초기 환경의 영향을 가장 덜 받는 영역이기 때문에 스스로 통제 및 조절할 가능성이 가장 큰 영역이다. 때문에 많은 학자들은 성숙한 자존감 발달을 촉진하기 위해 성품에 대한 높은 기대치를 갖고 교육해야 함을 강조한다. 진실성, 노력, 용기 등에 대한 높은 기준을 제시하고 평생에 걸쳐 도달하기 위해 애쓰는 사람이 되도록 가르치는 것이 무엇보다 값지기 때문이다.

자존감 형성의 근거가 되는 대표적인 다섯 가지 영역은 서로 어느 정도 연결되어 있지만, 또한 독립적이기도 하다. 그래서 모든 영역에서 모두 높거나 낮은 자존감을 가진 사람보다는 일부 영역에서는 높은 자존감을 가지고 있지만 나머지 부분에서는 그렇지 않은 사람이 더 많다. 내 머리가 좋다는 것은 확신하지만, 외모에서는 자신감이 떨어질 수 있고, 무슨 운동이든 쉽게 배우는 나 자신을 보면서 운동 감각은 타고났다며 자부하지만, 낯선 사람들 앞에서 쭈뼛거리는 나를 못마땅해 하며 성격을 뜯어고치고 싶다는 생각을 할 수도 있다.

중요한 것은 우리가 우리 자신에게 내리는 평가가 객관적이고 합리적인 것이 아니라 주관적이고 비이성적이며 감정적이라는 것이다. 그래서 자존감을 형성할 때 이 영역들 간의 평균을 내어 자신을 평가한다거나 합리적인 이유로 어떤 특정 영역에 대한 가중치를 부여하여 그 영역을 더 중요시하여 그것을 근거로 하는 것이 아니라, 그냥 주관적이고 편협하고 이해할 수 없는 이유로 자존감이 크게 높아지거나 크게 낮아질 수 있다는 것이다. 어떤 사람은 공부를 잘하기 때문에 키가 좀 작은 것에 별 영향을 안 받고 높은 자존감을 유지하지만, 어떤 사람은 공부와 상관없이 자신의 작은 키 때문에 계속 낮은 자존감을 갖게 되기도 하는 것이다.

자존감에 중요한 영향을 미치는 영역은 그 사람이 어떤 가치관이나 문화를 강조하는 환경에서 자랐느냐에 따라 달라지기도 하며, 자존감 발달의 결정적 시기에 어떤 경험을 했느냐의 영향도 받게 된다. 또 발달적으로 어떤 영역이 더 중요시되는 시기인지에 따라 달라지기도 한다.

만약 부모가 자신보다 동생을 더 사랑한다고 느끼며 자랐는데, 자신이 생각하기에 그 이유가, 자신은 공부 밖에 잘하는 것이 없었지만 동생을 얼굴도 예쁘고 애교도 많았기 때문이라고 믿는다면, 공부와 관련된 자신의 능력은 하잘 것 없는 것으로 치부되며, 학창시절 공부를 얼마나 잘했건, 사회에 나와서 얼마나 높은 지위를 획득했건 상관없이 얼굴도 못 생기고 성격도 무뚝뚝한 자신을 가치 없고 무능한 사람으로 생각하게 된다.

또 이성에 대한 관심과 그들로부터의 인기가 중요했던 시절에 이성으로부터 못 생겼다거나 뚱뚱하다고 놀림을 받았던 사람은 성인이 된 이후에 남들이 보기엔 나무랄 데 없는 외모를 가지게 되었음에도 불구하고 여전히 자신은 못 생기고 뚱뚱하다고 생각하며 성형과 다이어트에 몰두하기 쉽다. 대학을 졸업할 때까지는 공부를 잘해서 훌륭한 학벌과 스펙을 마련한 자기가 모든 것을 가진 대단한 사람이라고 생각했지만, 결혼을 위해 소개팅이나 맞선에 나갈 때마다 퇴짜를 맞으면 자신이 가진 인지적 능력보다 외모나 대인관계 능력에 초점을 맞추어 낮은 자존감을 갖게 될 수도 있다.

그렇다고 자존감이 발달적 단계나 상황에 따라 크게 달라지는 것은 아니다. 높은 자존감을 가진 사람은 자신의 자존감이 위협받는 상황에서 자신의 장점을 극대화하고 문제점에 직면하여 더 나은 자신을 만들고자 애쓰고 결과적으로 계속 높은 자존감을 유지할 수 있다. 반면 낮은 자존감을 가진 사람은 자신의 단점에 지나치게 치중한 나머지 이미 가지고 있는 자신의 긍정적인 요소를 간과하고 깊은 절망에 빠지고 빨리 포기하여 더 낮은 자존감을 갖게 된다.

자존감 교육의 초점

자존감 교육의 초점은 스스로 변화시킬 수 있는 영역이어야 한다. 앞에서 열거한 5가지 영역 중 스스로 변화시킬 여지가 많은 영역은 인성, 대인관계, 인지, 신체, 물질 영역의 순이다. 운 좋게도 내 아이가 높은 지능과 호감형의 외모, 뛰어난 체력을 갖추고 태어났고, 부모인 내가 상당한 재력을 갖추고 있다면, 내 아이의 자존감은 이미 상당히 높은 편에 속할 것이다. 부모인 내가 굳이 무언가를 더 해주지 않아도 아이는 높은 자존감을 유지하며 살아갈 가능성이 높다. 하지만 내 아이가 두드러져 보이지 않는 지능에, 평범하기 그지없는 외모와 신체 능력을 가진데다 나의 재력도 내세울 수준이 아니라면, 아이의 성품과 대인관계 영역에 더욱 초점을 맞추어야 한다.

공평하게도, 5가지 영역 중 후천적으로 자신의 노력에 기반하여 만들어 가는 영역, 즉 성품과 대인관계 영역의 경우, 나이가 들수록 인생의 성공과 행복에 더 많은 기여를 하는 반면, 선천적으로 가지고 태어나거나 부모가 만들어 준 초기 환경의 영향을 많이 받는 물질 영역, 신체 영역, 인지 영역의 경우 어릴 때는 자존감에 많은 영향을 미치지만 사회에 진출하거나 나이를 먹은 후에는 그 영향력이 감퇴하는 특성이 있다.

'삼대 가는 부자 없다'는 속담은 부모가 갖춘 재산과 지위로 만들어진 자존감이 얼마나 힘 없는지를 보여 주는 속담이다. 물질적으로 많은 것을 가졌기 때문에 자신이 존중받아 마땅한 유능한 존재라고 믿는 사람은 물질과 상관없이 발전시켜야 할 자신의 가치와 능력에 관심을 기울이지 않는다.

성품 영역과 대인관계 영역에 기반한 자존감은 시간의 흐름이나 상황의 변화에도 불구하고 여전히 지속력을 갖는 자존감인 반면, 인지 영역이나 물질 영역, 신체 영역에 기반한 자존감은 학교 밖에서는 큰 힘을 발휘하지 못하기도 하고 어느 날 갑자기 사라질 수도 있는 자존감인 것이다. 아무리 예쁜 사람도 나이를 먹으면서까지 젊어서의 미모를 유지할 수 없고, 천재 수준의 IQ로도 인생에는 풀 수 없는 문제가 너무나 많기 때문이다.

자녀가 진정한 의미의 자존감, 부모 품을 떠나서도 스스로를 지탱할 수 있는 높은 자존감을 갖길 원한다면, 자존감 발달의 결정적 시기인 어린 시절부터, 부모가 성품과 대인관계 능력의 중요성을 강조해야 한다. 부모가 이러한 영역의 중요성을 강조한다 하더라도, 아이들은 부모뿐만 아니라 친구, 교사 등 다른 사람들의 영향을 받으며 나름의 비교 기준을 마련하기 때문에 인지 능력이나 외모, 물질적 소유물 등을 완전히 배제한 채로 자존감을 형성할 수는 없다. 그리고 그것이 바람직한 것도 아니다.

하지만 부모 역시 아이의 시각으로 자기 힘으로 만든 것이 아닌 부분적이고 편협한 것을 기준으로 아이를 비교하면, 아이는 현재는 물론 미래에도 자기를 지탱할 중요한 기반을 만들지 못하게 된다. 성품과 대인관계 능력은 아이의 성장과 함께 분명 더 나은 방향으로 변화하는 부분이므로, 다른 사람과의 비교보다는 자기 자신의 과거 모습을 근거로 비교하여 스스로 자신이 성장하고 있음을 일깨워주는 것이 좋다. 또 그것이 얼마나 값진 것인지를 알려주고 부모 역시 그것을 기쁘게 생각할 때 아이의 건강한 자존감이 자라나게 된다.

self-esteem education

자존감의 발달

자존감의 발달에는 결정적 시기가 있다. 자존감은 5~8세 사이, 즉 유아기와 아동기에 뚜렷이 형성되고, 대체로 8세를 전후하여 안정되며 이후에는 지속되는 경향이 있다. 이 시기에 높은 자존감을 형성하게 되면 이후 성장 과정에서 부정적 피드백을 받더라도 기존의 자존감을 유지하면서 자기 가치의 감정을 보호한다. 그래서 많은 학자들은 초등 저학년 이전 시기의 자존감 교육을 특히 강조한다.

자존감은 태어나서 죽을 때까지 일상의 크고 작은 경험과 그것에 따른 결과, 그 결과에 대한 주변의 의미 있는 사람들의 반응, 개인적 평가 및 해석 등에 의해 높아지기도 하고 낮아지기도 한다. 하지만 자존감의 발달에는 결정적 시기가 있고, 결정적 시기 이후에는 안정적인 상태에서 다소의 변화만 겪는다.

자존감은 5~8세 사이, 즉 유아기와 아동기에 뚜렷이 형성되고, 대체로 8세를 전후하여 안정되며 이후에는 지속되는 경향이 있다. 이 시기에 높은 자존감을 형성하게 되면 이후 성장 과정에서 부정적 피드백을 받더라도 기존의 자존감을 유지하면서 자기 가치의 감정을 보호하거나 신속하게 회복하고, 능력을 높이기 위한 현실적인 행동을 하게 된다. 반대로 이 시기에 자존감이 낮게 형성될 경우 이후 부정적 피드백을 받게 되면 자기 평가는 더 부정적이 되고 자기 가치의 감정은 추락하기 쉽다. 그래서 많은 학자들은 초등 저학년 이전 시기의 자존감 교육을 특히 강조한다.

5세 이후에 자존감이 형성된다 하더라도 그 토대는 5세 이전의 경험에서 나오는 것이기 때문에 영아기 경험도 매우 중요하다. 또 8세 이후 자존감이 안정적으로 나타난다고 해도 그 이후 환경과 어떤 상호작용을 하느냐에 따라 자존감은 변화하기 때문에 이후의 발달 단계도 간과해서는 안 된다.

발달 단계별 자존감 향상법

영아기

엄마 뱃속에서 이제 막 세상으로 나온 아기는 자기(self)에 대한 인식이 없다. 이때의 아기는 자기와 자기 아닌 사람이 구분되어 있다는 것조차 알지 못한다. 언제부터 자기와 자기 아닌 사람을 구분하는지, 자기가 아닌 사람들 중에서도 엄마와 아빠를, 가족과 낯선 사람을 구분하는지에 대한 견해는 학자마다 다르지만(영아를 대상으로 관찰이나 실험 연구를 하고 그 결과를 해석하는 것은 매우 어려운 일이기 때문에 정확한 시기를 측정하지 못하는 것은 어쩔 수 없다), 태어날 때는 없었던 자기에 대한 인식이 영아기에 서서히 나타나게 되고, 영아기에서 유아기로 넘어갈 무렵에는 자기와 자기 아닌 사람에 대한 뚜렷한 구분을 할 수 있게 된다는 것에는 대부분의 학자들이 동의한다.

이 시기의 경험은 자존감 중에서 '자기 가치'에 대한 인식에 매우 큰 영향을 미친다. '나는 얼마나 사랑받고 존중받을 만한 가치가 있는 사람인가'는 내 능력이나 지위, 경제력처럼 객관화된 척도에 근거하는 것이 아니다. 그냥 존재 자체로서 사랑받고 인정받는 경험에 근거하는 것이다.

이 시기 아기에게 먹고, 자고, 싸는 것과 관련된 기본적인 욕구를 편안하고 수월하게 충족시켜 주고, 아기가 보내는 다양한 신호, 예를 들어 울음이나 웃음, 찡그림, 처다봄, 낑낑거림 등을 잘 감지해서 반응해 줄 경우 아기는 세상에 대한 신뢰감을 갖게 되고 양육자와도 안정적인 애착을 형성하게 된다. 그리고 자기 자신을 사랑받아 마땅한 존재로 인식하게 된다.

많은 부모들이 태어난 아기를 기쁘게 맞이하고 아기를 편안하고 즐겁게 해 주기 위해 애쓰지만 아이에게 신뢰감과 안정감을 주는 것은 결코 쉽지 않다. 우선은 주양육자인 엄마가 신체적으로나 정신적으로 건강해야 하는데, 체력이 약하거나 산후 우울증 등으로 심리적으로 불안정하게 되면 아기의 기본적인 욕구를 채워주지 못하고 아이가 보내는 신호에도 민감하게 반응하지 못하게 된다. 또 엄마가 아무리 건강하다 하더라도 아이의 기질이 예민하고 까다로운 경우에도 애착 형성에 어려움을 겪는다.

엄마와 아기뿐만 아니라 이들을 둘러싼 환경도 애착 형성에 영향을 미친다. 위나 아래로 나이 터울이 적은 형제가 있어서 경쟁적으로 엄마 사랑을 쟁취해야 했거나, 아이가 태어날 무렵 큰 병을 앓거나 초등학교 입학을 앞둔 형제가 있어서 엄마의 관심이 다른 형제에게 더 많이 갈 수

밖에 없었던 경우, 부부 갈등이나 고부 갈등으로 인하여 엄마를 포함한 가족들 간의 다툼이 잦았던 경우, 경제적 어려움이 있었던 경우, 아이를 키우는데 필요한 지식이나 정보가 부족해서 시행착오를 많이 겪은 경우 등이 대표적이다.

이 시기에 안정적인 애착을 형성하지 못한 사람은 어른이 되어도 타인에게 지나치게 매달리며 의존하거나 지나치게 거리를 두며 혼자 지내는 양극단의 모습을 나타낸다. 어린 아이의 경우 엄마와 떨어져 있는 것을 불안해하거나 엄마에게 이유 없이 신경질 내는 모습으로 불안정 애착을 나타내기도 한다.

TIP

불안정 애착 극복을 위한 터치

이 시기의 여러 가지 사정으로 자녀와 신뢰롭고 안정적인 애착을 형성하지 못했고, 그로 인해 자녀가 자기 가치에 대한 확신을 갖지 못한다면, 자존감을 높여주는 가장 좋은 방법은 터치(touch)이다. 피부는 우리 몸에서 가장 넓고, 가장 오래 되고, 가장 민감한 감각기관이다. 촉각은 우리 신체 중 가장 먼저 발달하는 감각 기관이며, 늙어서 시각이나 청각이 손상된 이후에도 여전히 기능하는 감각이다. 피부를 터치하면 그 자극은 곧장 뇌로 전달되고 그것은 우리의 몸과 마음에 아주 강력한 영향을 미친다.

영아기에 아기들이 주양육자와 애착을 형성하는 것도 터치에 의해서이다. 젖을 물리고 안아주고 목욕을 시켜주는 주양육자의 일상적인 행동을 통해 터치를 주고받으며 아기는 세상에 대한 신뢰를 쌓게 되는 것이다. 그러니 이 시기에 놓친 안정적인 애착 형성을 만회하려면 해법 역시 터치에서 찾아야 한다.

터치는 인위적으로 하는 것보다는 생활 속에서 자연스럽게 하는 것이 좋다. 머리를 쓰다듬어 주거나 어깨를 다독여주는 것, 손을 잡는 것, 팔짱을 끼고 걷는 것, 안아주는 것, 함께 목욕을 하는 것 등등 가족과 나누는 자연스럽고 편안한 터치는 자신이 사랑받아 마땅한 존재라는 느낌에 확신을 준다.

안타까우면서도 당연한 것은 부모의 이러한 터치는 애착 형성이 잘된 자녀와 더 자연스럽게 더 자주 주고받게 되지만, 애착 형성이 잘 안 된 자녀와는 더 어색하고 인색하다는 것이다. "둘째 아이는 뭘 해도 귀엽고 대견해서 나도 모르게 안아 주고 엉덩이를 두드려 주게 되는데, 첫째 아이에게는 그게 잘 안 돼요. 둘째 아이를 안아주고 있으면 첫째가 부러운 듯이 다가와서 자기도 안아 달라고 하는데, 그러면 다 큰 게 징그럽게 왜 그러냐고 타박을 하게 되더라구요." 상담을 하면서 자주 듣는 말이다.

이런 경우 터치를 못 받은 아이는 크게 둘 중 하나의 유형을 나타낸다. 하나는 포기형이다. 어차피 부모로부터 자신이 원하는 만큼의 터치를 얻지 못할 거라 판단하고 일찌감치 포기하는 유형이다. 이런 아이들은 스스로 가족과 떨어져 혼자 생활하고 사람보다는 게임, 책, 동물과 더 많은 시간을 보내는 쪽을 택한다. 이들은 터치를 원하지 않는 듯이 행동하지만, 터치를 싫어하거나 터치에 대한 욕구가 없는 것은 아니다. 스스로 상처받지 않기 위해 방어하는 것이다. 이런 아이들은 어른이 되어도 사람들과의 접촉을 꺼리고 스스로 고립되기 쉽다.

또 다른 유형은 집착형이다. 집착형의 아이를 둔 부모들은 아이가 '치댄다'거나 '귀찮게 한다'는 표현을 자주 한다. 기회가 있을 때마다 부모 옆에서 몸 어딘가라도 붙이고 있으려 하기 때문이다. 손이나 배, 하다못해 머리카락이라도 만지면서 치근거리기 때문에 부모는 아이와의 신체 접촉을 더 귀찮아하거나 부담스러워 하게 된다. 아이가 치근거리니 마지못해 만지게 놔두지만 싫은 티를 안 내기가 어렵다. 부모의 거부가 계속되면 집착형도 포기형으로 돌아서게 되지만 그때까지 꽤 오랜 시간이 걸린다. 이들은 어른이 되어서도 부모에게 매우 의존적인 태도를 보이고, 누군가 자신을 좋아하거나 받아주는 사람이 있으면 그들로부터 좋은 평가를 얻기 위해 필요 이상으로 애쓰며 살게 된다.

포기형이든 집착형이든 부모가 먼저 자연스러운 터치를 시도해야 한다. 마지못해 하는 터치가 아니라 자발적인 터치여야 하고, 아이가 원하기 전에 먼저 해 주어야 한다. "정말 날 사랑해? 정말 사랑하냐고?" 하며 여러 번 질문을 반복한 후에야 겨우 받아 내는 "정말 사랑한다니까! 왜 자꾸 귀찮게 물어!"라는 대답이 사랑에 대한 갈증을 전혀 해소시키지 못하는 것처럼, 엄마 눈치를 살피며 주변을 맴돌다가 불편하게 얻어 내는 터치는 자존감을 높이는데 별 도움이 안 된다. 터치를 통해 사랑을 느낄 수 없기 때문이다.

아침에 아이를 깨우면서 팔을 가볍게 주물러 줄 수도 있고, 길을 걸으며 손을 먼저 내밀 수도 있다. 다른 일에 정신 팔려 있는 아이의 머리를 다정하게 쓰다듬거나 안아 줄 수도 있고, 볼이나 코를 부비며 놀 수도 있다. 지금까지 자연스럽지 않았던 것을 하루 아침에 자연스럽게 할 수는 없겠지만, 의도적으로 더 많은 노력을 해서 기회가 있을 때마다 터치를 해야 한다.

부모가 이런 노력을 하면 아이들은 쑥스러워하면서도 아주 좋아한다. 그리고 대다수의 아이들이 예전보다 더 많은 터치를 바라며 어린 아이처럼 행동한다. 퇴행이 일어나는 것이다. 이것은 영아기 때 충족받지 못했던 욕구를 뒤늦게 충족받으면서 나타나는 매우 자연스러운 퇴행이기 때문에 걱정하지 않아도 된다. 오히려 아기짓 하는 것을 더 귀엽게 봐 주면서 터치를 지속하는 것이 좋다. 대신 다른 사람이 함께 있거나 독립적으로 어떤 일을 해야 하는 상황에서는 나이에 맞게 행동해야 함을 가르치고 행동의 경계를 세워 주면 된다. 지속적으로 자연스러운 터치를 하다 보면, 터치로 인한 퇴행은 어느 정도 시간이 지나면 사라지고, 자기 나이에 맞는 의젓하고 편안한 모습을 보이게 된다.

유아기

걸음마를 떼고 말을 배우기 시작하면서 아이는 매우 높은 수준의 자율성과 주도성을 갖게 된다. 자기 몸을 자유롭게 움직이고 조절하면서 유능감을 느끼고 자신의 힘을 자기 밖으로 발산하며 성취감을 느낀다. 이 시기에는 자신과 세상에 대한 구분이 분명해지므로 나와 남, 내 것과 남의 것에 대한 경계도 분명해진다. 그래서 "내가 할 거야", "내 거야" 소리를 입에 달고 다니며 자기 힘을 과시한다.

대부분의 아이들은 유아기에 매우 높은 자존감을 갖게 된다. 부모의 칭찬이 인색하지 않은 시기이기 때문이다. 딱딱한 음식도 씹어 먹을 수 있게 되고, 가위질도 하고, 글자까지 읽어 내는 아이를 보며 부모는 칭찬을 아끼지 않고 쏟아내게 된다. 작고 귀여운 아이가 어설프게 세상을 배워가는 과정이 대견하고 사랑스럽기 때문에 유아기는 다른 어떤 시기보다 부모가 아이의 행동에 주목하고 긍정적으로 피드백하는 것이 수월하다. 자존감은 다른 사람들과의 관계 속에서 그들이 자신을 어떻게 인정하느냐에 따라 결정되기 때문에 이 시기 부모가 아이의 성장을 기뻐하고 대견해하는 것 자체가 자존감 발달에 큰 기여를 하는 것는 당연하다.

아이 역시 하루하루 자신의 능력이 커지는 것을 느끼며 뿌듯함을 느끼는데, 매우 다행스럽게도 이 시기에는 추상적 사고 능력의 부족으로 자신과 다른 사람의 능력을 객관적으로 비교하는 능력이 떨어진다. 그래서 남보다 잘하는 것이 없어도, 예쁘지 않아도, 가진 것이 없어도 높은 자존감을 유지할 수 있게 된다. 능력과 무관하게 누구나 매우 높은 자존감을 갖게 되는 것이다.

하지만 이 시기의 높은 자존감은 매우 한시적인 특성이 있다. 곧 닥치게 될 아동기에는 자존감이 곤두박질치기 때문이다. 어찌보면 유아기는 가장 자신감이 충만하고 가장 사랑받으며 가장 행복한 느낌을 향유할 수 있는 인생의 황금기일 것이다. 이 시기를 아이가 만끽하는 것은 앞으로 펼쳐질 고단한 인생을 고려하면 매우 필요하다.

초등 입학 전후 자존감 교육을 위한 준비

초등학교 저학년 때 자신의 능력에 대한 스스로의 평가는 자존감 발달에 매우 큰 영향을 미친다. 능력에 대한 평가에서는 가정에서 부모, 형제로부터 받는 사랑보다 학교에서 교사, 또래로부터 받는 인정이 더 중요해진다. 그래서 초등학교 입학을 전후하여 부모는 아이가 학교에 빨리 적응하여 교사와 친구들로부터 인정받을 수 있는 사람이 될 수 있게 적극적으로 도와야 한다.

초등학교 입학을 앞둔 경우, 부모는 아이와 함께 입학하게 될 학교에 직접 방문해서 위치도 익히게 해 주고, 가능하다면 교실에 들어가서 유치원과는 다른 환경에서 공부하게 될 것이라는 것을 눈으로 확인시켜 주는 것이 좋다. 유치원처럼 편한 공간에서 자유롭게 움직이는 것이 아니라 정해진 책상과 의자에서 선생님의 수업을 듣고 쉬는 시간에만 돌아다닐 수 있다는 것을 이해시키는 것이다. 급식실, 도서관 등도 함께 둘러보며 각각의 공간에서 지켜야 할 규칙을 알려 주는 것도 좋다. 또 집에서 학교까지 가는 길이 익숙해질 수 있게 학교 주변을 자주 산책하면서 문구점이나 슈퍼마켓 등의 위치도 눈으로 확인할 수 있게 되면 학교라는 새로운 공간에 대한 아이의 불안이 줄

어들고 학교 생활에 빠르게 적응할 수 있다.

학교 스케줄에 맞추어 생활 습관을 조정하는 것도 필요하다. 대부분의 경우 유치원보다는 학교 등교 시간이 빠르기 때문에, 수면 시간이 불규칙하거나 늦게 자고 늦게 일어나는 아이의 경우, 입학 3개월 이전부터는 학교 가는 시간에 맞추어 일찍 자고 일찍 일어날 수 있게 습관을 바꾸어 주어야 한다. 또 대변의 경우 저녁이나 이른 아침에 집에서 해결하는 습관을 만들어 놓아야 학교에서 실수하거나 변비가 생기는 것을 예방할 수 있다. 소변 역시 학교에 도착하면 미리 화장실을 다녀오고, 쉬는 시간에 친구들이랑 놀거나 다른 활동을 하느라 화장실 가는 것을 잊어버리지 않도록 주의를 주는 것이 필요하다.

밥 먹는 시간이 오래 걸리는 아이들의 경우, 정해진 시간 내에 밥을 모두 먹을 수 있게 습관을 잡아 주는 것도 중요하다. 유치원과 달리 학교는 급식실로 이동하거나 급식을 받는 데에 소요되는 시간이 길기 때문에 점심 시간이 짧게 느껴질 수 있다. 게다가 초등학교 1, 2학년의 경우 급식 이후 곧바로 귀가를 하는 요일도 많기 때문에 급식을 늦게 먹게 되면 그만큼 선생님께 지적받는 일도 많아지고 귀가 시간도 늦어지게 된다. 밥을 느리게 먹는 아이의 경우 입학 전에 식탁 위에 시계를 올려놓고 정해진 시간 내에 밥 먹는 연습을 시키는 것이 도움이 된다. 또 입에 밥을 물고 이야기를 하거나 돌아다니면서 먹지 않도록 알려 주는 것도 필요하다.

편식 습관을 가진 아이의 경우, 조금 더 어려운 문제에 봉착할 수도 있다. 담임교사가 편식을 어느 정도 허용하느냐에 따라 차이가 있지만, 대부분의 교사는 '모든 음식을 골고루 남김없이 먹는 것'을 가르쳐야 하기 때문에, 아이에게 억지로라도 싫어하는 반찬을 먹이는 경우가 많다. 그러다 보니 급식 시간이 싫어서 학교 자체를 싫어하는 아이들도 생겨난다. 가장 좋은 것은 편식을 하지 않도록 하는 것이지만, 기호가 뚜렷하거나 고집이 센 아이의 경우, 하나라도 먹는 연습을 시키는 것이 도움이 된다. 많은 교사들이 하나라도 먹어 보라고 가르치기 때문이다. 학교에서는 싫어도 해야 하는 일

이 있다는 것을 설득하고, 싫거나 못하는 것도 하려고 애쓰는 자세가 중요하다는 것도
이해시킬 필요가 있다.

사실 밥을 한 자리에 앉아서 시간 내에 골고루 먹는 습관은 온 가족이 식탁에 모여
밥을 먹다 보면 자연스럽게 익힐 수 있는 것들이다. 그러니 교사 입장에서는 아이의
식습관이 제대로 안 잡혀 있는 아이를 보면 부모가 아이에게 기초적인 습관도 가르치
지 않은 채 학교에 입학시킨 느낌을 받게 된다. 그래서 어떤 교사는 부모에게 상처되
는 말을 하게 되기도 한다. 준비 없이 입학을 시켰다가 교사에게 이런 지적을 당하게
되면 교사가 야속하게 느껴지기도 하고 화도 나게 되지만, 아이가 제대로 된 식습관을
형성하지 못한 책임이 부모에게 있다는 것은 부인하기 어렵다. 이런 경우 감정적으로
대응하기 보다는 제대로 된 식습관을 만들어 주지 못한 환경적 요인이 무엇인지를 반
성해 보고(예를 들어 아이 혼자 TV 켜 놓고 밥 먹게 하였거나, 빨리 먹으라며 어른이
밥을 떠먹여 주었거나, 밥그릇을 들고 아이 뒤를 쫓아다녔던 것과 같은) 하루 빨리 제
대로 된 식습관을 만들어 주는 것이 바람직하다.

또 학교 입학 후에는 숙제나 준비물을 잘 챙겨 보내야 한다. 숙제나 준비물로 인해
교사에게 야단맞고 친구들에게 무시당하는 경험을 자주 하게 되면 아이의 자존감은
크게 떨어지게 된다. 옷도 가능한 깨끗하고 단정하게 입혀서 또래들에게 호감을 얻도
록 하는 것이 좋다.

받아쓰기는 자신의 능력을 객관적으로 평가받는 직접적이고 분명한 결과이기 때문
에 이 시기 아이의 자존감 형성에 매우 큰 영향을 미친다. 초등 1~2학년이 학교에서
치르는 시험은 받아쓰기가 전부이다. 그러니 받아쓰기에서 높은 점수를 받는 것은 자
신의 유능함을 믿을 수 있는 매우 훌륭한 근거이다. 이 시기에는 "받아쓰기 시험 점수
가 낮으면 어때. 그래도 엄마는 널 사랑해."하며 위로해 주는 것이 자존감을 높이는데
별 도움이 되지 못한다. 그보다는 받아쓰기 점수를 잘 받을 수 있게 도와 주어 100점
받을 기회를 늘여 주어야 자존감이 높아진다.

초기 아동기 : 초등 저학년

많은 학자들이 자존감 발달의 결정적 시기를 8세 전후, 즉 초등 저학년 시기로 본다. 대부분의 아이들은 초등 저학년 때 자신의 능력과 가치에 대한 매우 명확한 인식을 하게 되고 그 이후에는 큰 변화 없이 그 자존감을 유지하게 된다. 앞으로의 성장 과정 속에서도 자존감은 높아졌다 낮아졌다 하게 되지만 변화의 폭은 크지 않다.

초등학교 입학을 전후하여 아이는 스스로가 자기 자신에 의한 평가를 할 수 있게 된다. 이제 부모, 교사, 친구 뿐만 아니라 자기 안의 엄격한 평가자에 의해 자신의 가치와 능력을 가늠하게 되는 것이다. 추상적 사고 능력의 발달로 아이는 이제 객관적인 기준으로 자신과 남의 능력을 비교하고 순위를 매길 수 있게 된다. 또 교사나 부모가 어떠한 근거로 누구의 능력이 더 높다고 평가하는지를 명확히 이해하기 때문에 학교나 학원, 심지어 가정에서도 자신의 서열을 파악할 수 있게 된다. 때문에 유아기의 높은 자존감은 더 이상 유지되지 못하게 된다.

이 시기 자존감 발달에 영향을 미치는 것은 지금까지 부모, 교사, 친구들로부터 받은 피드백과 실제 자신의 능력이다. 환경으로부터 현실적 기대와 긍정적 피드백을 받으며 성장한 아이들은 자신이 사랑받을 가치가 있는 존재라는 것을 의심하지 않으며 능력도 높일 수 있다. 적당히 도전적이고 흥미로운 과제를 수행하면서 성취감을 느끼고 칭찬과 인정을 받는 과정에서 높은 자존감을 갖게 되는 것이다. 하지만 지나치게 높은 기대와 경쟁 속에서 성장하면서 부정적인 피드백을 많이 받은 아이들은 수행을 하면서 즐거움과 성취감을 느끼기보다는 과도하게 긴장하고 불안해하며 조금이라도 안 좋은 결과가 예상되면 포기하거나 위축되는 모습을 보이게 된다.

이 시기부터는 자존감이 현실에서 달성하는 실질적인 성과 및 타인과의 비교에 근거해서 획득된다. 이제 더 이상 부모의 사랑과 인정만으로 자존감이 유지되지 못하는 것이다. 학생이라는 새로운 역할 때문에 공부를 얼마나 잘하느냐는 자존감에 매우 큰 영향을 미친다. 몇 명의 친구가 있느냐, 축구를 얼마나 잘하느냐, 피아노를 얼마나 잘치느냐, 얼마나 멋진 외모를 가졌느냐도 중요하지만 공부만큼은 아니다.

이 때문에 부모의 고민은 깊어진다. "괜찮아, 그 정도도 잘한 거야."하고 위로를 해 줘도, "아니야, 연후는 나보다 더 잘했단 말이야. 나도 백점 받고 싶어."하며 속상해 한다. "잘 못할 때도 있는 거야. 열심히 했으니까 괜찮아."라고 말해 줘도 아이는 틀린 시험지를 바라보며 속상해 한다. 공부를 잘해야 높은 자존감이 유지될 수 있는데, 세상에 공부 잘하는 아이들은 너무 많고, 우리 아이는 공부를 잘하고 싶다고 하면서도 열심히 하지는 않으니 불안하고 속상한 것이다. 그래서 공부를 많이 시키거나 억지로 시키게 마련인데, 이 과정에서 여러 부작용이 나타나고 결과적으로 아이의 자존감은 떨어지게 된다.

자존감 발달을 위해 일하는 엄마가 특히 더 신경 써야 할 것들

자존감 발달의 결정적 시기인 초등학교 저학년 때, 아이가 학교에 빠르게 적응하여 높은 자존감을 갖게 하기 위해서는 부모의 도움이 꼭 필요하다. 그래서 일하는 엄마들은 아이가 학교에 입학한 후에 많은 심리적 갈등을 경험하게 된다. 아이를 키우는 내내 직장 생활과 육아를 병행하는 것이 쉽지 않았겠지만, 초등학교 입학 이후에는 이것이 더욱 힘들어지기 때문이다. 아이가 학교에 적응을 빠르게 못하는 것이 엄마가 일을 하느라 신경을 못써줘서인 것 같아 미안하기도 하고, 왠지 담임선생님도 엄마가 일을 하기 때문에 아이에 대한 편견을 갖는 것 같은 느낌이 들어 화가 나기도 한다. 이런 이유로 아이의 초등학교 입학 이후에 직장을 그만두는 엄마들이 많다.

만일 상황이 허락한다면 초등학교 입학 전후 2~3년 정도는 부모 중 한 명이 일을 쉬고 아이의 학교 적응을 도와주는 것도 좋다. 발달에 있어 결정적 시기를 놓치면, 그 이후에 그것을 다시 발달시키려면 훨씬 많은 에너지를 쏟아 부어야 하기 때문이다. 하지만 이런 여유를 만들 수 있는 사람이 얼마나 있겠는가? 부모 모두 계속 일을 해야 하는 경우라면 죄책감과 불안함에 우왕좌왕하지 말고 최소한 다음의 사항은 꼭 실천해야 한다.

1. 준비물과 숙제는 반드시 챙겨 보내라.

엄마가 일을 하든 안 하든 준비물과 숙제는 꼭 챙겨가게 해야 하지만 일하는 엄마는 특히 더 신경을 써야 한다. 아이에게 알림장을 꼭 챙겨 오도록 하고 부모도 반드시 알림장을 매일 살펴서 준비물과 숙제를 확인해야 한다.

또 퇴근 전에 아이에게 전화를 걸어 준비물을 미리 확인하는 것도 필요하다. 요즘은 학교마다 학급별 홈페이지를 운영하며, 홈페이지에 준비물과 숙제를 포함한 여러 사항을 날짜별로 올려놓기도 하니, 이런 시스템이 있다면 그것을 활용해도 좋다. 퇴근 후에 이것 저것 집안일과 아이 돌보기를 하다 뒤늦게 준비물을 확인하는 경우, 문구점이나 마트에서 사야 하는데 이미 문을 닫은 시간이라 곤란한 상황이 생길 수 있다. 그러니 퇴근길에 구입해야 하는 준비물이 있는지 전화로 확인해서 미리 챙기는 습관을 들이는 것이 필요하다.

평소 자주 쓰는 학용품(연필, 지우개, 공책, 알림장, 일기장 등)과 미술용품(색종이, 색연필, 크레파스, 가위, 풀, 스케치북 등)은 여유있게 구입해 두는 것이 좋다. 또 색종이나 가위, 풀 등은 여러 개 챙겨갈 경우 미처 준비를 못한 친구에게 빌려줄 수도 있어 친구 사귀기에도 도움이 된다. 요즘 학교에서는 재활용품을 활용한 만들기 활동도 자주 하므로 우유팩, 종이 상자, 화장지 속대, 페트병 등을 따로 모아두는 것도 좋다.

2. 숙제를 봐줄 수 있는 사람을 구해라.

학교마다 차이가 있지만 초등학교 숙제는 양이 그다지 많지 않다. 초등 저학년은 특히 더 그렇다. 부모가 판단하기에는 20~30분이면 끝낼 수 있는 간단한 숙제이다. 그런데 많은 아이들이 이 정도의 숙제를 붙들고 한두 시간을 허비한다. 그래서 저녁 시간 대부분을 숙제를 놓고 엄마와 씨름을 하다 기분이 상한 채로 잠이 드는 아이들이 많다. 특히 대부분의 워킹맘들은 퇴근 직후부터 서둘러도 아이와 함께 저녁을 먹고 나면 저녁 8시나 되어서야 아이와 함께 하는 시간을 만들 수 있는데, 이 시간을 숙제 때문에 잔소리하고 화내면서 쓰게 되면 아이와 즐거운 시간을 보낼 수가 없다. 퇴근 후 저녁 시간은 온종일 집 밖에서 긴장하고 불편했던 마음과 엄마 없이 외로웠던 마음을 보상받는 즐거운 시간이어야 한다. 그래야 아이가 학교에서 주눅이 들지 않고 자신감 있게 생활할 수 있게 된다.

"그렇게 미리 좀 끝내 놓지." 하며 아이만 탓할 수는 없다. 학교랑 학원에 갔다 와서 자기가 알아서 미리 숙제까지 끝내놓기를 기대하기에는 아직 너무 어리다. 엄마와 함께 할 수 있는 짧은 저녁 시간을 얼굴 붉히며 화내며 보내지 않기 위해서는 아이 숙제를 봐줄 수 있는 다른 사람을 구하는 것이 좋다.

가장 경제적인 방법은 공부방이다. 집 근처 공부방 중에 학교 숙제를 꼼꼼하게 도와줄 수 있는 곳을 찾아 놓으면 숙제 걱정을 덜 수 있다. 이때 숙제 이외의 학교 공부 예습과 복습까지 적당량 도와줄 수 있으면 금상첨화이다. 집에 방문해서 개인지도를 해주는 멘토나 튜터를 두는 것도 한 방법이지만 부모가 없는 집에 매일 같은 시간 방문을 해서 숙제를 챙겨 주는 역할을 해줄 수 있는 사람을 찾기가 쉽지 않을 수 있다.

어떤 방법을 택하건 부모 이외의 사람이 학교 공부와 숙제의 결손이 생기지 않게 도와줄 수 있는 시스템을 만들면, 엄마 없는 학교와 학원, 집에서 하루를 버텨낸 아이와 즐겁게 수다떨고 몸 부비며 사랑의 기운을 채워줄 수 있는 시간을 확보할 수 있게 된다. 단, 다른 사람에게 맡겼다고 해서 완전히 손을 놓아서는 안 된다. 매일 최종 점검은 반드시 부모가 해서 숙제하는 시늉만 하면서 시간만 대충 때우고 있는 것은 아닌지 확인하는 것이 필요하다.

3. 방과 후 프로그램과 학원을 적절히 활용하라.

유치원이나 어린이집은 종일반이 있어서 워킹맘들이 일하는 시간대까지 맡기는 것이 가능하지만 초등학교 저학년은 한두 시면 수업이 모두 끝나고 귀가 지도를 하기 때문에 아이를 돌봐줄 사람을 따로 두고 있지 않은 워킹맘들은 아이 하교 시간과 자신의 퇴근 시간 사이의 공백을 어떻게든 메워야 한다. 초등학교에도 돌봄교실처럼 밤 10시까지 아이를 돌보아 주는 제도를 마련하고 있기는 하지만 저소득층에게 먼저 기회가 돌아가기 때문에 지역에 따라서는 입소 자체가 어려운 곳도 있다. 이런 경우는 학교 내에서 운영되는 방과 후 프로그램과 학원을 잘 연계시킬 필요가 있다.

방과 후 프로그램이나 학원을 고를 때는 아이가 흥미 있어 하는 것을 우선적으로 고르되, 너무 많은 아이들을 한꺼번에 교육하거나 숙제가 많은 곳은 피하는 것이 좋다. 가능한 그 자리에서 학습을 마무리해서 집에까지 해야 할 것들을 들고 오지 않도록 하는 시스템이라야 아이는 물론 부모도 부담을 덜 느끼게 된다. 또 앞에서 언급한 것처럼 부모를 대신해 학교 숙제와 공부를 지도해줄 수 있는 곳을 포함시키는 것이 필요하다. 방과 후 프로그램과 학원 교사와는 정기적으로 연락을 주고 받으며 아이가 적극적으로 참여하고 있는지 부모가 더 신경써 주어야 하는 부분은 없는지 모니터링하는 것도 중요하다.

　주의할 것은, 아무리 놀이 위주로, 예체능 중심으로 방과 후 프로그램이나 학원을 구성했다 하더라도 학교 수업 이후에 또 다른 활동을 규칙과 시간에 맞추어 배우는 것이 아이들에게는 무척 힘든 일이라는 것이다. '태권도는 어차피 움직이면서 노는 것이고, 피아노도 자기가 좋아서 하는 것이니까.' 하면서 학원에 다녀온 아이를 실컷 놀다 왔다고 생각하면 안 된다. 친구들과 놀이터에서 뛰어 놀다 온 것과 태권도 학원에서 운동을 하고 온 것은 다른 것이다. 물론 수학 문제를 푼 것보다는 스트레스를 덜 받겠지만 자기 마음대로 편안하게 지내다 온 것이 아닌 것은 분명하다. 그러니 실컷 놀다 왔으니까 이제 집에서 학습지도 풀고 공부를 본격적으로 해보자고 하지 말고, 편안하게 휴식을 취하면서 자유로운 시간을 갖도록 하는 것이 좋다.

4. 학부모 네트워크와 학교 홈페이지를 적극적으로 활용하라.

보통의 경우 워킹맘은 전업주부들에 비해 정보력이 떨어진다. 아무리 애를 써도 학교 행사나 학부모들 간의 모임에 매번 참여할 수는 없기 때문이다. 그런데 부모의 정보력이 떨어지면 아이가 교내외 행사나 모임에서 소외될 가능성이 높아지므로 워킹맘이라 하더라도 정보를 얻기 위한 노력은 해야 한다.

　객관적인 정보를 얻기 위해서는 학교 홈페이지에 자주 접속하는 것이 좋다. 학교 홈페이지에는 학사 일정, 교내외 행사 및 대회, 평가 일정 및 방식, 급식 메뉴 등 아이의 학교생활에 필요한 정보들이 포함되어 있고, 아이들에게 배포되는 가성 통신문의 내용도 공지가 된다. 또 학급 홈페이지가 활성화되어 있는 경우 숙제나 준비물과 같은 알림장 내용이 게시가 된다.

　워킹맘이라 해서 학부모들 간의 교류를 소홀히 하는 것은 좋지 않다. 학부모들과 상담을 하다 보면 직장 때문에 어쩔 수 없는 경우뿐만 아니라 엄마의 성격이 내향적이고 소극적이라 혹은 아줌마들끼리 수다 떠는 모임이 생산적이지 않게 느껴져서 의도적으로 학부모 모임에 참여하지 않는 경우를 만나는데, 아이가 아주 사회성 좋고 공부도 잘하는 특이한 상황이 아니라면, 어느 경우든 아이의 학교 적응에 도움을 주기 어렵다.

사적인 모임에까지 모두 참여할 필요는 없지만, 학부모들 간의 네트워크에서 소외되지 않기 위한 최소한의 노력은 해야 한다. 학부모들에게 워킹맘이라는 사실을 알리고 양해를 구하되, 해야 할 일이 있으면 적극 참여하겠다는 의사를 전해서 '아이에게 무심한 엄마' 혹은 '무임승차를 하려는 엄마'라는 인상을 주지 않아야 한다. 또 학부모 모임에 비교적 자주 참여하는 다른 학부모 2~3명과는 보다 친밀한 관계를 유지하는 것도 필요하다.

원래 사교적인 성격이 아니라 하더라도 먼저 몇몇 학부모에게 전화로 안부도 전하고 수다도 떨고 하면서 친분을 맺어야만 아이가 학교에서 난처한 상황에 처할 경우 (예를 들어 친구들 간의 싸움에 휘말리는 경우) 우리 아이 외의 다른 아이들로부터도 정보도 얻고 보다 객관적으로 상황 판단을 할 수 있게 된다. '친정 엄마한테도 전화 잘 안 하는' 무심한 성격의 소유자라 하더라도 엄마가 되고 학부모가 되면 네트워크에서 소외되지 않을 정도의 사교성은 발휘해야 함이 현실임을 받아들이면 좋겠다.

TIP

조기 교육을 통해 자존감을 높이려면

잘하는 것이 많은 아이는 그렇지 않은 아이에 비해 자존감이 높을 가능성이 크다. 자존감의 중요한 요소가 자신의 능력에 대한 믿음이고, 그 믿음은 실제 자신이 무언가를 잘해서 성취감과 자신감을 느끼고 사람들로부터 인정과 칭찬을 받는 과정을 통해 만들어지는 것이기 때문이다.

그래서 많은 부모들은 아이에게 어릴 때부터 많은 것을 가르친다. 미리 배워서 남들보다 더 잘하게 되면 성취감을 느낄 기회도 많아지고 칭찬도 더 많이 받게 되니, 자존감이 높아질 거라 기대하는 것이다. 그런데 이런 조기 교육도 지나치면 오히려 자존감을 떨어뜨릴 수 있기 때문에 신중할 필요가 있다. 조기 교육을 통해 아이의 자존감을 높이려면 다음과 같은 사항을 고려해야 한다.

첫째, 너무 많은 것을 한꺼번에 가르치기 보다는 하나에 집중 투자하는 것이 낫다. "영어는 요즘 다들 하는 거라 시키고 있고, 악기 하나 정도는 다룰 수 있어야 하고, 운동도 하나는 해야 하니까 피아노랑 태권도 학원 보내고 있어요. 미술은 아이가 좋아해서 계속 시키고 있고, 친구들이랑 하는 독서 논술, 그리고 학습지 매일 10분씩 하는 거 이게 다예요. 대부분 일주일에 한두 번 가서 짧게 배우고 오는 거라 시간이 그렇게 많이 걸리진 않아요." 유아나 초등 저학년 학부모들의 비슷한 레퍼토리이다. 어느 영역에 재능이 있는지 모르니 일단 이것저것 시켜보고 그 중 특출나게 잘하거나 좋아하는 것이 있으면 그쪽으로 밀어주겠다는 말을 덧붙이는 부모들도 많다.

그런데 이렇게 많은 것을 한꺼번에 배우다 보면, 아이들은 무엇 하나에 흠뻑 빠질 시간을 갖기 어렵다. 피아노 치는 것이 재미있어서 더 치고 싶어도 미술학원에 다녀와야 하고, 미술학원에서 배운 것을 집에서도 다시 해보고, 다른 미술 활동도 더 응용해서 하고 싶어도 학습지 선생님이 오시기 전에 숙제부터 해야 한다. 그러니 각각의 활동에 흠뻑 빠져 즐거움을 느끼며 그것을 자신의 특기로 계발하기 보다는, 학원에서 잠깐 배운 것에 만족한다. 그러니 각 활동마다 기능만 익히면서 아주 못하지도 아주 잘하지도 않는 어중간한 수준에 머물게 된다.

그러다 학습량이 늘어나는 초등학교 고학년이 되면 학원을 끊게 되고, 그 기능마저도 잊혀지게 된다. 이때쯤 되면 부모들은 '어느 쪽에 재능이 있는지 알아보려고 이것저것 시켜봤지만, 다 고만고만하고 아이도 시큰둥해서 이제는 다 끊고 공부만 시킨다.'고 한다.

조기 교육을 통해 자존감을 높여 주려면 '선택과 집중'이 필요하다. 어차피 음악, 미술, 체육 모두 유치원과 학교에서 영역별로 가르치는 것이고, 재능이 있는 아이는 그 안에서도 티가 난다. 재능이 없어도 유치원과 학교에서 성실히 배우면 중간은 하게 되어 있다. 굳이 부모가 돈과 시간을 써 가며 골고루 조기 교육할 필요가 없는 이유이다.

분산 투자를 하는 것보다는 재능이 보이거나 아이가 좋아하는 분야 하나에 집중 투자하는 것이 낫다. 예를 들어 피아노를 선택했다면, 다른 것에 돈과 시간을 분산시키지 않고, 피아노에 집중하는 것이다. 피아노 레슨 시간을 늘리고, 피아노 말고는 강요받는 것이 없어서, 시간 나는 대로 피아노 연습을 할 수 있게 하면, 일주일에 한 번 잠깐 학원에서만 피아노를 치는 아이들에 비해 실력이 크게 늘게 된다. 그러면 피아노는 이 아이의 특기가 되고, "다른 건 몰라도 피아노는 자신 있어." 하며 자존감을 높이게 되는 것이다.

둘째, 학원을 보낼 때는 무엇을 배우든 고비가 있다는 것을 알려주고, 고비를 넘기게 해야 한다. 조기 교육이 높은 자존감으로 이어지려면, 배움의 과정 속에서 힘든 과정을 거쳐 한 단계 한 단계 올라가는 경험을 해야 한다. 아무리 일찍 시작하고 어릴 때는 잘한다는 이야기를 들었던 것이라도, 고급 수준에 이르지 못한 채로 중단하게 되면 특기가 될 수 없다.

무엇을 배우든 고비는 있다. 처음엔 쉽기도 하고 실력이 느는 것이 느껴지기 때문에 가볍고 즐거운 마음으로 시작하지만, 점점 어려워지고 실력이 제자리에 머물러 있는 것 같아 힘들고 지루하게 느껴지는 단계를 맞이하게 된다. 이 단계에 이르면 대부분의 아이들이 배우는 것에 시큰둥해하며 학원을 끊어 달라, 선생님을 바꿔 달라 짜증을 부리게 된다. 이때 부모는 무조건 아이의 요구대로 해주기보다는 힘들어도 참고 더 배워보도록 설득해야 한다.

선생님과 상의를 해서 진도를 늦추거나 숙제를 줄이는 등의 방법으로 도움을 주되, 이 고비를 넘기면 새로운 단계에 이를 수 있고, 그 단계에 이르면 또 다른 즐거움과 성취감을 경험할 수 있다는 확신을 주어야 한다. 이런 과정을 통해 고비를 넘겨 새로운 즐거움을 맛본 아이들은 다른 것을 배우거나 도전할 때도 쉽게 포기하지 않는 성향을 갖게 되며, 이것은 자존감의 중요한 근원인 성품, 즉 자기 자신의 성실성, 끈기, 도전 정신, 인내력 등에 대한 확신을 높여주게 된다.

마지막으로 중요한 것은, 조기 교육 과정에서 지나치게 유능한 아이들과 경쟁하며 비교 당하지 않도록 해야 한다. 어차피 겪어야 할 경쟁, 힘들더라도 어려서부터 혹독하게 겪는 것이 나중에 단련이 되어서 좋지 않겠냐고 생각하는 사람들도 있지만, 자존감 발달의 결정적 시기인 유아기와 초등 저학년 시기의 좌절 경험은 아이들에게 큰 상처가 된다. 다른 사람과의 비교에 민감해지는 이 시기에 너무 유능한 아이들 사이에 있다 보면, 자신을 실제보다 더 크게 부족하고 무능한 사람으로 인식하게 된다. 부모 역시 그런 비교로부터 자유로울 수 없기 때문에 아이의 변화와 성장에 초점을 맞추어 긍정적인 피드백을 주기가 쉽지 않다. 그러니 조기 교육 기관을 선택할 때 현재 우리 아이의 능력을 충분히 고려하여 선택하는 지혜가 필요하다.

후기 아동기 : 초등 고학년

초등 고학년 시기가 되면 이제 막연히 '나는 능력이 있다, 없다' 혹은 '나의 능력은 이 정도이다'에서 '나는 능력이 있다, 왜냐하면', '나는 능력이 없다, 왜냐하면'으로까지 생각을 넓히게 된다. 자신이 무언가를 잘하거나 못하는 이유를 찾게 되는 것이다.

또 자신의 능력이 변화 가능한 것인지 변화 불가능한 것인지에 대한 판단도 하게 된다. '나는 원래 타고나기를 머리가 나빠서 공부를 못해.'라고 생각하는 것은 자신의 능력이 변화 불가능하다는 믿음을 반영하는 것이다. '이번 시험을 못 본건 준비를 제대로 못했기 때문이야. 다음번에 제대로 공부하면 성적을 올릴 수 있을 거야.'라고 생각하는 것은 자신의 능력이 변화 가능하다는 믿음을 반영하는 것이다.

자신의 능력이 변화 가능하다고 믿는지 변화 불가능하다고 믿는지는 자존감뿐만 아니라 학습 동기를 유지하는데에도 매우 중요하다. 능력이 변화 가능하다고 믿는 쪽은 실패 상황에서도 주눅들지 않고 실패의 원인을 객관적으로 파악하여 해결책을 찾기 쉽지만, 변화 불가능하다고 믿는 쪽은 실패 상황에서 크게 위축되고 쉽게 포기하는 모습을 보이기 때문에, 능력은 변화 가능한 것이라는 믿음을 심어 주어야 한다.

그러기 위해서는 평소 아이의 결과물에 대해 피드백을 할 때, 그 결과물이 성공적인 것이든 그렇지 않든, 능력보다는 노력과 관련한 언급을 해야 한다. 타고난 능력이 뛰어나서, 엄마 아빠의 좋은 점을 잘 닮아서, 머리가 좋아서가 아니라 문제집 한 권이라도 제대로 풀어서, 교과서 암기를 열심히 한 덕분에, 수업 시간에 딴짓하지 않고 노트 필기를 열심히 했기 때문에 성공한 것이라는 것을 자주 짚어 주어야 하는 것이다. 결과가 좋지 못할 때도 '누구를 닮아서 이 모양일까?'가 아니라 '무엇을 잘못해서 이런 결과가 나왔을까? 다음번에 무엇을 보완해야 할까?'로 고민하는 모습을 보여 주어야 한다. 그래야 자신의 능력은 변화 가능하며 언제든 노력을 통해 발전시킬 수 있다는 믿음을 갖게 되는 것이다.

청소년기

초등학교 입학 시기와 함께 곤두박질쳤던 자존감은 학년이 올라가면서 서서히 회복된다. 학년이 올라가면서 아는 것도 많아지고 혼자 할 수 있는 것도 많아지기 때문에 자신의 능력에 대해 긍정적 평가를 더 많이 하게 되고 자존감도 높아지는 것이다. 하지만 중학교에 입학하면서 아이들의 자존감은 다시 곤두박질치게 된다.

새로운 학교 환경에 적응하기 위해 긴장하고 어리버리하게 행동하는 어설픈 자기 모습을 보면서 초등학교 최고 학년 때 가졌던 의젓함과 자신감은 사라지게 된다. 한꺼번에 늘어난 과목수에 교과마다 각기 다른 선생님의 교수법과 평가 방식까지 혼란을 가중시킨다. 교과 내용은 어려워지고 공부 분량도 크게 늘어난다. 초등학교 때는 웬만큼 잘한다고 믿었는데 막상 중학생이 되니 모든 것이 낯설고 어렵다. 게다가 2차 성징과 함께 신체 변화가 찾아오면서 외모에 대한 자신감도 떨어지게 된다. 이성에 대한 관심은 높아지는데 외모는 점점 이상해지니 아이들 표현대로 '멘붕'이 오지 않을 수 없다. 그나마 남학생들은 2차 성징이 여학생들보다 늦게 나타나고 자기 자신에 대한 인식의 발달도 여학생에 비해 늦기 때문에 사춘기를 조금 늦게 겪을 수 있지만, 신체 성숙도 빠르고 자기 인식도 잘하는 여학생의 경우 어린 나이에 혹독한 사춘기를 보내게 된다.

이 시기 부모는 사춘기 아이들의 혼란과 불안을 이해하고 함께 견뎌 주어야 한다. 아이를 비난하거나 아이의 고민을 성급히 해결해 주려고 이런저런 노력을 기울이다 보면 혼란만 가중시키게 된다. 사춘기 아이와 실랑이하고 화내고 비난하기보다는 적당한 거리를 유지하면서 아이의 성장을 지켜보는 것이 필요하다.

사춘기 청소년의 심리적 특성

사실 청소년기 이후에는 부모가 자녀의 자존감 발달을 위해 해줄 수 있는 것이 별로 없다. 이 시기에는 아이에게 무언가를 해주려 하기보다 아이의 혼란을 이해하고 그 혼란을 겪고 나올 때까지 기다리는 수밖에 없다. 곤두박질치며 떨어지는 아이의 자존감을 높여주기 위해 애쓰는 부모를 보면서 아이들은 '이것 봐, 내가 얼마나 한심하고 모자라면 엄마, 아빠가 나를 못 믿고 저렇게 나서서 안절부절못하겠어. 나는 문제가 많아.' 하며 오히려 자신을 비하하게 된다. 아이의 혼란을 지켜볼 여유를 갖기 위해서는 사춘기 아이들의 심리적 특성을 이해하는 것이 도움이 될 것이다.

우선, 사춘기 아이들은 세상 모든 사람들이 자기를 쳐다본다는 착각에 잘 빠진다. 자신을 마치 청중 앞에 서 있는 연극배우, 그 중에서도 주목을 가장 많이 받는 주연배우로 생각한다. 그러니 이들은 눈에 보이지도 않고 존재하지도 않는 상상적인 청중들을 항상 의식하면서 생활하게 된다. 무심코 던진 친구의 말 한마디 때문에 분노에 휩싸이기도 하고, 별것도 아닌 사소한 실수를 후회하며 창피해 죽겠다고 소리를 지르기도 하고, 머리 스타일이 이상하다며 거울 앞에서 짜증을 내고, 껌 하나를 씹어도 멋있게 씹으려 애쓰는데, 이 모든 이유가 보이지 않는 청중을 만족시켜야 한다고 믿기 때문이다. 이런 아이들에게 '남 신경 그만 쓰고 네 할 일이나 해라.'하고 잔소리를 하는 것은 소용이 없다. 오히려 부모 역시 아이 옆에 붙어 있는 보이지 않는 청중들을 염두에 두고 행동할 필요가 있다. 다른 사람의 이목을 끌 만한 촌스러운 행동을 하거나 사람들이 있는 곳에서 아이에게 화를 내거나 야단을 치지 않도록 특히 더 신경을 써야 하는 것이다.

또한 사춘기 아이들은 자신을 매우 독특하고 특별한 존재로 생각한다. 이 시기의 아이들은 자신의 생각이나 느낌을 세상 누구도 지녀 본 일이 없는 대단한 것이라고 믿는다. 그래서 자신이 느끼는 짝사랑의 감정이나 단짝 친구와의 우정 등을 매우 강렬한 것으로 생각하고 그 누구도 자신의 감정과 비슷한 것을 경험하지 못했을 거라 단정 짓는 경향이 있다. 그래서 누군가 자신의 감정을 가볍게 여기거나 다른 사람들이 경험하는 것과 비슷한 것으로 취급하면 불같이 화를 내고 마음의 문을 닫아 버리게 된다. 그러니 아이들의 감정을 가볍게 여기지 않고 귀담아 들어 줄 필요가 있다. 대단해 보이지 않는 뻔한 감정에도 특별한 의미를 부여하고 싶어 하는 때라는 것을 염두에 두고 대화하는 것이 필요하다.

자신이 특별하다는 믿음은 자신에게는 일반적인 원인과 결과가 아니라 예외적인 결과가 일어날 수 있다는 믿음으로 이어지기도 한다. 짧은 기간 맘 잡고 공부해서 대학에 수석 합격을 한다거나 어느 날 갑자기 유명인에게 발탁되어 인기 연예인이 되는 것과 같은 드라마틱한 결과가 자신에게 생길 것이라고 믿기 때문에 "너 이렇게 공부를 안 해서 어떻게 되려고 그래!"와 같은 부모의 잔소리가 귀에 잘 들리지 않는다. 그러니 대화를 할 때는 매우 현실적인 근거를 들어 가며 단계적으로 설명해야 한다. 또 부모의 사춘기 시절 이야기나 주변 사람들의 이야기를 하면서 현실성을 키워 줄 필요가 있다.

게다가 사춘기 아이들은 매우 높은 이상을 갖는 특성이 있다. 인간이 태어나서 죽는 전체 과정 중에 도덕적 기준이 가장 높고 엄격한 때가 바로 사춘기 시기이다. 이 시기의 아이들은 '세상은 이래야 돼', '사람은 이래야 돼' 같은 아주 확고하고 높은 기준을 가지고 세상을 바라보기 때문에 불평불만이 많고, 부모나 교사의 모순된 행동에 과도하게 실망하고 비난하기도 한다. "엄마가 거짓말하지 말라고 해 놓고 엄마는 왜 나한테 거짓말을 하는 거야.", "내가 알아서 한다는데 왜 자꾸 간섭해요? 지난 번에는 알아서 하라고 했잖아요!", "다른 아이들은 모두 허락받았는데 왜 엄마만 안 된다고 하는 거야!" 하며 부모의 모순과 불합리함을 지적하고 반항하는 것이다.

이런 사춘기 자녀와 대화를 할 때는 아이의 감정이나 생각을 가볍게 생각하지 말고 귀 기울여 주어야 한다. 아이들의 생각에 논리적으로 접근해서 "그건 말이 안 되잖아! 왜 그런 식으로 생각을 하니?"하면 아이들은 바로 마음을 닫고 자신과 비슷한 생각에 빠져 있는 다른 친구들에게 달려간다.

또한 부모는 매우 합리적이고 일관적인 모습을 보여야 한다. 사춘기 시기는 부모 말이라면 모든 것을 믿고 시키는 대로 했던 어린 아이의 모습에서 적당한 융통성과 포용력을 가지고 세상과 인간이 가진 한계를 이해하는 어른의 모습으로 넘어가는 과도기이다. 자신을 포함해서 부모, 교사, 친구, 세상 모두에게 '그건 아니잖아'하고 따질 준비가 완벽하게 되어 있는 시기이다. 이런 아이들에게 부모는 최대한 '흠 잡힐 짓'을 하지 않으려 애쓰며 합리적이고 일관적인 모습을 보여 주어야 한다. 부모 말이니 '무조건' 따라야 한다고 강요하거나, 상황에 따라 말을 바꾸게 되면 아이들은 비난의 화살을 바로 부모에게 던지게 된다.

하지만 부모 역시 인간이기 때문에 완벽할 수는 없다. 어쩔 수 없이 아이로부터 비난을 받아야 하는 상황에 놓이게 된다. 이때는 무엇보다도 아이의 비난에 감정적으로 대응하지 않는 것이 중요하다. 부모인 나나 아이에게 문제가 있어서가 아니라 사춘기라서 그런 것이다 생각하면 조금 더 편안해질 수 있다. 그러면 아이의 생각과 감정에 귀 기울일 여유가 생기고 경우에 따라서는 사과를 하는 것도 자연스러워진다. 부모가 자신의 실수를 인정하고 사과하는 인간적인 모습을 보여줄 때 아이는 부모에게 조금 더 마음을 열 수 있다.

마지막으로 사춘기 아이와 대화할 때는 아이가 숨기는 것 없이 모든 것을 다 털어놓기를 기대하는 마음을 내려놓아야 한다. 부모는 아이가 가진 자신만의 세계를 인정해 주는 여유를 가져야 한다. 때로는 아이가 감추기도 하고 거짓말도 하지만 부모는 이제 그것을 하나하나 들춰내고 틀린 것을 가르쳐주려고 하지 않는 것이 좋다. 큰 잘못이나 아이가 위험에 빠질 수 있는 상황이 아니라면 적당히 눈감아 주되, '네가 더 이야기하고 싶을 때 그때 더 이야기하자' 하는 태도로 아이를 기다려 주어야 한다. 그래야 아이가 너무 멀리도 너무 가까이도 아닌 적당한 지점에서 사춘기를 안전하게 겪어내면서 자존감을 회복할 수 있게 되는 것이다.

청년기 및 성인 초기

고등학교 졸업 이후 법적으로 성인이 되고 자신의 혼자 힘으로 할 수 있는 일이 많아지면서 자존감은 서서히 올라간다. 대학 입학 여부나 개인적 상황에 따라 차이가 있지만, 대부분 20대와 30대에 직업을 갖게 되고 결혼도 하게 된다. 그리고 육체적으로나 정신적으로 가장 왕성한 활동을 하게 된다.

직업과 배우자 선택은 인생에서 매우 중요한 선택이며, 이 둘은 이후 인생에 막대한 영향을 미친다. 그래서 이 시기에 어떤 직업과 배우자를 선택하느냐는 자존감에 많은 영향을 미치게 된다. 이제 부모가 자녀의 자존감을 높이기 위해 할 수 있는 노력은 거의 없다. 부모가 도와줄 수 있는 부분은 자녀에게 자신이 잘할 수 있는 일을 찾을 것이고, 자신과 어울리는 짝을 만날 수 있을 것이라는 격려를 간헐적으로 하는 것, 그리고 그 과정에서 느끼는 어려움을 들어주는 정도일 것이다.

인간은 누구나 지위를 추구하며, 직업은 높은 지위를 얻기 위한 수단의 하나이다. 직업은 귀천이 없다지만, 사실 우리는 직업을 비교하며 살고 있고 더 좋은 직업을 가진 사람을 더 유능하게 생각한다. 당연히 연봉이 높거나 권력이나 명예가 뒤따르는 직업은 그렇지 않은 직업보다 선호되고, 좋은 직업을 가진 사람은 더 높은 자존감을 갖게 된다. 이런 경향은 여성보다는 남성에게서 더 분명하게 나타난다.

또 선택한 직업에서 자기에게 주어진 일을 얼마나 잘해내느냐도 자존감에 영향을 미친다. 직장 생활 초반에는 자신에게 맡겨지는 일들이 너무나 보잘것없는 것에 실망하기도 하고 그나마도 제대로 잘 못하는 자신에게도 실망하게 된다. 속으로 '내가 회사에서 복사나 하려고 대학을 4년이나 다녔단 말이야?', '도대체 이 조직에서 내가 하는 일은 무슨 의미가 있는 것일까? 나는 거대한 기계의 작은 부속품에 불과해.'라고 생각하며 회의감을 느끼기도 하고, '나는 왜 이런 쉬운 일도 제대로 못하는 거지?', '나는 이런 일을 잘할 만큼 준비가 되어 있지 않은 걸까?' 하는 생각에 다른 직업을 찾거나 대학 혹은 대학원 진학을 하기도 한다.

연애와 결혼도 이 시기 자존감에 많은 영향을 미친다. 이성과의 교제를 통해 깊이 있는 정서적 교류를 할 수 있게 되고 사랑을 주고받는 과정에서 자기 가치를 확인받을 수 있게 된다. 또 타인을 이해하고 배려하는 능력도 높아져서 정서적 만족감과 유능감을 같이 느낄 수 있다. 결혼 자체도 자존감을 높이는 경험이 된다. 결혼을 한다는 것은 자신이 어떤 사람으로부터 결혼하고 싶은 사람, 결혼해도 되는 사람으로 선택받을 만큼 자신이 괜찮은 사람이라는 것을 의미하기 때문이다.

자존감이 낮은 사람은 연애나 결혼에서 실패하기가 쉽다. 자존감이 낮은 사람은 자기 확신이 부족하기 때문에 상대로부터 더 많은 확인을 받고자 하기 때문이다. 내가 괜찮은 사람인지, 사랑받을 만한 사람인지를 상대방이 자신을 대하는 태도를 근거로 판단하기 때문에 상대에게 과도한 관심과 보살핌을 요구하게 되고, "나를 사랑한다면 이것보다 더 잘해야 하는 것 아니야?", "이런 행동을 할 수 있다는 것은 나를 무시하기 때문이야."하며 자신의 욕구를 충족시키지 못하는 상대를 비난하고 원망하기 때문에, 상대로 하여금 자신을 부담스럽게 느끼고 거절하게 만들어, 연애나 결혼이 안정적으로 지속되지 못하게 되는 것이다.

20대부터 30대로 이어지는 이 시기는 이전 시기보다 사회적 비교에 훨씬 민감한 시기이다. 남들이 부러워할 만한 좋은 직장과 배우자를 선택할 수 있다면 자존감은 크게 향상되지만, 그렇지 못한 경우 자존감은 크게 떨어지게 된다.

이 시기는 또한 실패와 좌절이 불가피한 시기이기도 하다. 어느 누가 단 한 번의 시도로 원하는 직업을 갖게 되고, 단 한 번의 실연 없이 결혼에 이르겠는가? 그리고 배우자와의 갈등 없이 결혼생활을 하겠는가? 의대에 진학했다가 적성에 맞지 않아 자퇴를 하기도 하고, 아나운서 시험만 5년째 낙방하기도 한다. 100개가 넘는 회사에 이력서를 넣고서야 겨우 취업을 하기도 하고, 20대1의 경쟁률을 뚫고 합격한 직장에서 하루 종일 복사만 해야 할 수도 있다. 아무리 구애를 해도 받아 주지 않는 이성 때문에 가슴앓이를 해야 하기도 하고, 정말 사랑했던 사람으로부터 이별 통보를 받을 수도 있다. 괜찮은 사람이라고 믿고 결혼을 했는데, 결혼 후 확 달라진 배우자의 모습에 실망할 수도 있다. 결혼이라는 현실 속에서 깨어지는 환상, 분노, 좌절을 견디어야 하기도 한다.

이 시기 실패와 좌절을 이겨내는 힘은 자존감에서 나온다. 자존감이 높은 사람은 이런 시련을 직면하고 견디어서 자신이 원하는 더 나은 자기를 만들려 애쓰지만, 자존감이 낮은 사람은 시련을 견디려 하기보다는 회피하거나 포기해 버리게 된다. 시련 자체를 회피하기 위해 처음부터 도전하지 않거나, 도전하더라도 실패 확률이 낮은 자신의 기대에 훨씬 못 미치는 직장이나 배우자를 선택하기도 한다.

시련을 이겨내는데 필요한 자존감은 대인관계 및 성품과 관련된 자존감이다. 자신의 인지적 능력이나 신체조건에 근거해 형성된 높은 자존감은 이런 시련 상황에서 큰 힘이 되지 못한다. 오히려 뛰어난 인지 능력과 수려한 외모로 고등학교 이전 시기에 성공가도를 달렸던 사람들은 이런 시련 상황에서 크게 당황하고 좌절한다.

자신의 대인관계 능력과 성품에 대한 믿음이 있는 사람은 자신이 다양한 사회적 갈등 상황을 현명하게 처리할 수 있다고 믿고, 자신을 인내력과 성실함을 가진 용기 있는 사람이라고 믿기 때문에 학교 밖 사회에서 겪는, 머리로 해결할 수 없는 문제에 더 잘 대처하고 실패하더라도 상처를 덜 받게 된다. 대인관계와 성품 영역을 근거로 형성된 자존감이 빛을 발하기 시작하는 것이다.

중년기

35세 혹은 40세 즈음에 시작해서 50대 전후 시기까지는 직업과 가족 안에서 어느 정도의 성취도 이루고 안정감도 느끼는 때이다. 직장에서도 중간 관리자나 그 이상의 역할이 주어지고, 아이들도 자라 부모의 돌봄을 덜 필요로 하고, 부부갈등도 어느 정도 완화된다. 그래서 중년기에 이르면 지금까지 열심히 달려온 자신의 삶을 돌아보며 앞으로의 삶의 방향을 재정비하는 여유를 갖게 된다.

이 시기는 또한 삶에서 가장 많은 짐을 지고 가장 많은 역할을 수행해야 하는 시기이기도 하다. 자식이 커나가는 과정을 지켜보면서 기쁨과 행복도 느끼지만 그들을 부양해야 하는 책임 때문에 많은 부담과 스트레스를 받게 된다. 자식들의 학원비, 등록금, 유학 자금 등을 고민하면서 은퇴하신 부모님의 생활도 돌보아야 한다. 직장에서도 밑에서 치고 올라오는 젊은 후배들과 윗자리를 차지하고 있는 강력한 선배들 사이에서 교량 역할을 하며 최대의 생산성을 발휘해야 하는 시기이다.

때문에 이 시기는 자신에게 주어진 이 많은 역할을 수행해 나가는 것 자체만으로도 자존감이 높아지기도 하지만, 자녀와의 갈등, 이혼, 실직과 같은 위기로 인해 자존감이 떨어지기도 한다. 특히 중년기는 자녀가 좋은 성적을 받는다거나 명문 대학에 입학하는 것과 같은 자녀의 성공이 부모의 자존감에 영향을 많이 미치는 시기이다. 자녀가 자신이 바라는 대로 잘 자라 주었다고 믿고 자녀와 긍정적인 상호작용을 할 수 있는 부모는 높은 자존감을 유지하는 반면, 자녀가 자신의 기대와 전혀 다르게 자랐다고 생각하거나 자녀와 심리적 갈등을 자주 겪는 부모는 자존감이 위협받게 된다.

또한 중년기는 부부간의 애정과 친밀도가 자존감에 많은 영향을 미치는 시기이다. 고된 삶을 함께 하며 역경을 이겨내는 과정에서 부부가 서로에게 신뢰를 보여 주고 힘이 되어 줄 경우, 서로의 자존감은 동반 상승하게 된다. 반면, 애정과 친밀도가 낮은 중년부부의 경우, 이전 시기보다 부부싸움과 같이 표면적인 방식으로 갈등을 표출하지는 않지만, 서로에 대한 기대를 접고 정서적 교류 없이 형식적인 부부 관계만을 유지하기 때문에 삶의 시련을 맞게 되면 서로를 원망하며 낮은 자존감을 갖게 된다. 일이나 다른 활동을 통해 자존감을 느낄 수 있는 부분이 있는 경우에는, 가정보다는 그 부분에 열중하여 낮은 자존감을 보상하려 애쓰기 쉽다.

노년기

노년기에 이르면 자존감은 낮아진다. 퇴직으로 인해 경제력이 줄어들게 되고, 신체적 노화와 그로 인한 질병, 인지 능력의 저하를 어쩔 수 없이 받아들여야 하며, 배우자나 친구와 같은 인생의 중요한 사람과 사별해야 하기 때문이다.

이전 시기, 즉 아동기부터 중년기까지의 발달 과업을 충실히 수행하고 노년기에 이른 사람은, 이전보다는 자존감이 낮아졌더라도, 성숙한 태도로 삶을 통합하게 된다. 이들은 자신의 인생에서 성취한 것을 자랑스럽게 여기고 인생에서 못 이룬 것 역시 겸허하게 수용한다. 또 다음 세대를 위해 지혜를 전하며 편안하게 죽음을 준비한다.

　반면, 이전 발달 단계에서 요구받은 역할을 제대로 수행하지 못했던 사람은 노년기에 자존감이 급격히 떨어지면서 절망에 이르게 된다. 노년기는 인생 전반에서 상실을 경험할 수밖에 없는데, 이전 삶의 과정에서 성취하지 못한 것에 대한 아쉬움과 분노가 심한 경우, 이러한 상실을 수용하기 힘들기 때문이다.

자존감, 남성과 여성 중 누가 더 높을까?

일생에 걸쳐 자존감이 어떻게 변화하는지를 연구한 결과에 따르면, 자존감은 자기에 대한 인식이 시작되는 유아기에 불안정한 형태이긴 하지만 매우 높게 형성되었다가, 초등학교 입학 이후 급격하게 하락하지만 학년이 올라가면서 서서히 상승하여 다시 높은 수준에 이른다. 그리고 청소년기에 다시 하락하고, 청년기와 장년기에는 꾸준히 상승하여 60대 전후 최고점에 이른 후 노년기 이후에는 다시 급격히 하락한다. 이 연구[*]는 미국에서 이루어진 연구이기 때문에 시대나 지역을 달리하면 다른 결과가 나올 수 있겠지만, 우리나라 역시 큰 흐름은 비슷할 것으로 보인다.

이러한 자존감의 변화 과정은 남녀가 비슷하게 이루어지는데, 주목할 만한 부분은, 아동기 때는 큰 차이가 없던 남녀 간의 자존감 수준이 청

---

[*] Robins, R. W., & Trzesniewski, K. H. (2005). Self-Esteem Development Across and the Life span.

소년기 이후부터 벌어져서 노년기에야 유사하게 낮은 상태에서 만난다는 것이다. 물론 남성에 비해 높은 자존감을 갖는 여성도 존재하지만, 평균적으로는 아동기와 노년기를 제외한 나머지 기간 동안에는 남성이 여성에 비해 높은 자존감을 갖는다. 자존감에서 남녀 차이가 나타나는 그 이유는 무엇일까?

아직 이 부분에 대한 학자들 간의 통합된 견해는 없지만, 몇 가지 이유를 추측할 수 있다. 그 중 하나는 청소년기 2차 성징과 함께 나타나는 신체적 변화로 인한 혼란을 여학생이 남학생에 비해 더 크게 그리고 더 빠르게 경험하기 때문이다. 사춘기에는 호르몬의 변화로 인해 급격한 신체적, 성적 성숙이 이루어지는데, 여학생의 경우 남학생보다 2~3년 정도 일찍 사춘기가 시작되기 때문에 남학생보다 어린 나이에 신체 변화를 받아들여야 한다. 또 이 시기 성(性)에 대한 관심이 증가하게 되는데, 문화적으로 여성은 남성에 비해 성적으로 더 억압되어 있기 때문에, 성적 욕구를 억제하는 과정에서 남성에 비해 여성이 더 큰 수치심과 죄책감을 경험할 수 있다. 특히 2차 성징이 또래에 비해 빨리 시작되고 신체적 변화의 폭이 큰 여학생일수록 이 시기 자존감이 크게 떨어지기 경향이 있다.

2차 성징의 시기는 유전적, 환경적 요인에 의해 개인차가 있는데, 2차 성징이 너무 빨리 시작되어 자존감의 손상을 크게 입는 것을 줄이기 위해서는, 운동을 많이 시키고 고열량, 고지방 음식의 섭취를 줄이는 것이 도움이 된다. 특히 비만은 빠른 2차 성징과도 관련이 깊고, 이

성과 외모에 대한 관심이 증가하는 청소년기에 자존감을 크게 떨어뜨리는 요인이기 때문에, 꾸준한 운동과 식습관 관리를 통해 체중 관리를 도와야 한다.

여성이 남성에 비해 자존감이 낮은 이유로 추측할 수 있는 다른 하나는, 여성이 남성에 비해 관계 지향적 성향이 강하고 사회적 평가에 더 민감하다는 것이다. 남성은 자신이 획득한 지위, 명예, 경제력 등 외부로 드러나는 지표를 근거로 자존감을 더 공고히 하는 반면, 여성의 경우 그런 것들 못지않게, 의미 있는 타인과의 관계에서 받는 피드백을 중요시한다. 이성 친구나 배우자가 자신을 얼마나 사랑하는지, 자식이 자신을 얼마나 훌륭한 엄마로 인정하는지, 친구들이 자신을 얼마나 괜찮은 사람으로 평가하는지, 직장 동료들이 자신을 얼마나 신뢰하는지 등을 근거로 자신을 평가하기 때문에, 남성들만큼 수월하게 자신을 괜찮은 사람으로 인정하지 못하는 것이다.

여성이 남성에 비해 우울증에 더 취약한 이유도 비슷할 수 있다. 여성이 남성에 비해 덜 유능해서가 아니라, 자신에게 더 높은 기준을 제시하고, 자기 내적 평가뿐만 아니라 타인의 평가에도 민감하기 때문에, 자신을 더 낮게 평가하고 더 쉽게 우울해지는 것이다. 그래서 여성은 남성보다 더 많은 역할을 떠안고 더 많은 희생을 하면서도 성취감이나 유능감은 덜 느끼는 억울한 상황을 자처하기 쉽다.

그러니 딸을 키우는 부모라면 딸의 자존감이 급감하지 않게 하기 위해 특히 더 노력할 필요가 있다. 사춘기가 시작되기 전에 2차 성징과 그에 따른 몸과 마음의 변화에 대한 지식을 객관적으로 알려주어, 불필요한 수치심과 죄책감에 시달리지 않게 해야 하며, 남자들처럼 복잡하게 생각하지 않고 이 정도면 괜찮다 당당하게 자신을 보여 주는 것이 전혀 멍청하거나 단순해 보이는 것이 아니라는 것을 알려줄 필요도 있다. 무엇보다도 모든 사람에게 착한 사람, 좋은 사람으로 평가받기 위해 애쓰는 마음을 접고, 소수의 사람과 친밀하고 의미 있는 관계를 만들어 그 속에서 관계 욕구를 충족받도록 안내하는 것이 필요하다.

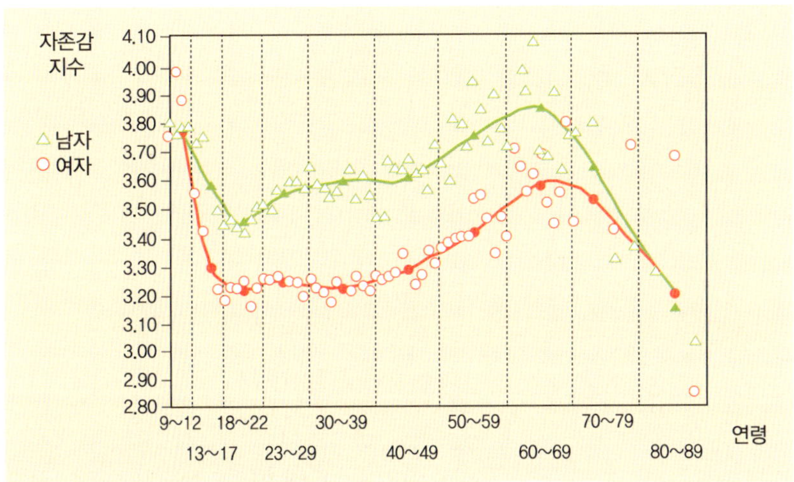

[그림 3] 자존감의 연령별 변화 과정

self-esteem education

3부

자존감 교육법

아이의 자존감을 높이기 위한 자존감 교육은 어떠한 방식으로 이루어져야 하는지 그 실제적 방법론을 말한다. 자존감 교육의 구체적 방법은 공감 능력 높이기, 신체에 대한 각성 및 조절 능력 높이기, 자기 조절 능력 향상, 선택과 책임 가르치기, 성공과 실패에 대한 부모의 대처 전략, 자존감을 높이는 칭찬과 훈육 방법, 아이 특성별 자존감 향상법 등에 담겨 있다.

사랑과 존중은 다르다

스스로를 존중할 수 있어야 다른 사람으로부터 존중받을 수 있을까? 다른 사람으로부터 존중을 받아야 스스로를 존중할 수 있게 될까? 닭이 먼저냐? 달걀이 먼저냐? 처럼 들릴 수 있는 이 질문의 정답은 '다른 사람으로부터 존중을 받아야 스스로를 존중할 수 있다'이다. 왜냐하면 자존감 발달 부분에서도 언급했듯이, 사람은 자기(self)가 누구이며 어떤 존재인지에 대한 인식을 하기도 전에 다른 사람과 상호작용을 먼저 시작하고 다른 사람이 자신을 대하는 방식에 맞추어 자기 자신에 대한 이미지, 즉 셀프 이미지(self-image)를 만들기 때문이다.

자기와 세상을 구분조차 하지 못했던 이 시기에 수유, 수면 등 생명 유지에 반드시 필요한 기본적인 욕구를 충족받고 울음이나 웃음에 대한 반응, 눈 마주침, 옹알이에 대한 대꾸 등의 초보적 수준의 사회적 상호작용을 지속하면서 주양육자로부터 존중받았던 사람은 스스로를 존중할 수 있게 되고, 이후 다른 사람으로부터의 존중도 수월하게 이끌 수 있게 된다. 영아기 이후에도 다른 사람으로부터 존중을 주고받는 경험을 통해 자존감을 견고하게 만들게 된다.

자존감은 특정 시기 한두 번 존중받은 경험으로 평생 유지되는 것은 아니다. 자존감은 일상 속에서 존중받은 경험이 반복적으로 누적되면서 발달한다. 특히 부모로부터 지속적이고 안정적으로 제공받은 존중 경험은 자존감 발달에 지대한 영향을 미친다. 생활 속에서 지속적으로 존중받는 경험을 통해 안정적인 자존감을 유지시킬 수 있게 되는 것이다. 때문에 자존감 교육은 자녀로 하여금 자신이 존중받고 있다는 느낌을 경험하게 하는 것에서 시작된다.

"아이를 사랑하세요?"
이 질문에 대한 대답은 쉽고 빠르다.
"당연하죠."

"아이를 존중하시나요?"
이 질문은 잠시 생각을 필요로 한다.
아이를 존중한다는 것은 무슨 의미일까? 무엇을 어떻게 하는 것이 존중일까?

이 질문에 대한 대답이 "음… 존중하려고 애쓰고 있어요."라면 다음 질문이 이어진다.

"아이를 존중하고 있다는 것을 아이는 어떻게 알 수 있을까요?" 혹은 "부모님이 아이를 존중하고 있다는 것을 아이도 느끼고 있을까요?"

만약 이 질문에 대한 대답이 명확하고 구체적이라면 그 아이는 높은 자존감을 가지고 있을 것이다.

존중은 사랑과는 다른 것이다. 자녀를 엄청 사랑하지만 존중하지는 않는 부모도 많다. 간혹은 자녀를 사랑하는 마음이 지나쳐서 자녀를 존중할 수 없는 부모도 있다. 자녀가 상처받는 것을 원치 않아 자녀의 행동은 물론 생각, 정서까지 부모가 정해 주는 부모는 자녀를 사랑하지만 자녀를 존중하지는 않는 부모에 속한다.

- 쓸데없는 걱정 좀 그만해. 걱정한다고 나아지는 건 없어.

- 울지마, 뭘 잘했다고 울어. 울면 너만 손해야.

- 속상하면 다음에 더 열심히 해서 복수해 주면 되잖아. 얼른 잊고 다시 시작해 봐.

- 이제 짜증 그만 내고 웃어 얼른.

주로 자녀의 아프고 힘든 마음을 빨리 전환시키기 위해 하는 이런 말들은 '부모님은 나를 사랑하시지만 나를 이해하지는 못하셔.' 혹은 '엄마가 이런 기분 느낄 필요 없다고 했는데, 이런 안 좋은 기분을 계속 느끼는 것은 내가 이상해서야. 나는 문제가 있는 사람이야.' 라는 인식을 갖게 한다. 자녀의 생각과 느낌을 있는 그대로 존중하지 않기 때문에 자녀의 입장에서는 스스로를 '합리적으로 생각하지 못하는 모자란 사람', '느끼면 안될 것을 느끼는 이상한 사람'이라는 인식을 갖게 하는 것이다.

존중의 시작, 공감의 방법

존중의 시작은 공감(empathy)에서 시작된다. 공감은 동정심(sympathy)하고는 다른 말이다. 동정심은 상대방을 측은히 여겨 함께 아파하고 위로하는 것이라면, 공감은 상대방의 입장이 되어 상대방이 느꼈을 법한 감정을 느끼는 것이다. 나는 상대방과 똑같지 않은 존재이므로 완벽하게 일치되는 감정을 느낄 수는 없지만, 최대한 누군가와 같은 입장이 되거나 그 사람이 느끼고 생각하는 바를 나도 유사하게 혹은 같게 느끼는 상태를 말하는 것이다.

언뜻 공감이 쉽다고 생각할 수 있지만, 사실 공감은 매우 어려운 일이다. 공감을 하려면 상대가 느끼는 감정이 무엇인지를 알아야 하는데, 상대방의 이야기를 들어도 감정을 읽어내기 어려운 경우가 많기 때문이다. 특히 나이가 어리거나 애착이 불안정하게 형성된 아이들의 경우 자신의 감정을 정확하게 인식하지 못하기 때문에 감정 표현도 서툴고 자신의 감정을 언어로 표현하는 것을 어려워하기 때문에 부모는 아이의 감정에 공감하는 것이 더 어렵다.

또 여러 가지 이유로 감정을 숨기거나 억압하는 아이들도 많다. 이런 아이들은 말로는 별 느낌이 없다거나 괜찮다고 하면서 행동으로는 다른 메시지를 전하기도 한다. 그래서 공감을 잘하기 위해서는 말뿐만 아니라 몸짓, 눈빛, 행동까지 관찰하면서 마음을 유추하려 애써야 한다.

공감을 할 때는 특히 눈을 잘 관찰해야 한다. 시선을 못 마주친다거나, 눈을 깜박거리는 것, 눈물을 글썽이는 것, 눈에 힘이 들어가는 것 등은 불편한 감정과 관련된다. 또 미간을 찌푸리거나 입술이 떨리는 것, 목소리가 떨리는 것, 목소리가 커지거나 작아지는 것, 손이나 발을 움직이는 것, 얼굴이 빨개지는 것 등 행동으로 나타내는 감정도 읽을 수 있어야 한다. 이런 행동들은 죄책감, 불안, 슬픔, 분노 등을 표현하는 것이다.

또 공감을 위해서는 감정에 대한 평가 없이 있는 그대로 읽어주고 받아주어야 한다. 아이의 마음이 이럴 것이다 저럴 것이다 앞서서 판단하지 말고, 쓸데없는 마음이다 부정적인 생각이다 같은 편견 없이 아이의 입장에서 아이의 눈으로 아이의 감정을 비추어 주어야 하는 것이다. 쓸데없는 걱정을 하는 듯이 보이는 아이에게는 무엇이 가장 걱정이 되는지, 걱정되는 상황이나 장면은 구체적으로 어떠한 것인지에 대한 대화를 하면서 아이의 마음을 들여다보아야 공감이 가능하다.

그렇다고 아이의 모든 감정에 공감을 해야 하는 것은 아니다. 사소한 감정은 모르는 척 넘어가기도 하고 스스로 감정을 처리할 수 있게 내버려 두어야 하는 때도 있다. 하지만 아이가 어떤 감정에 오래 혹은 강하게 머물러 있거나 도움을 청하면 부모의 공감은 필수적이다. 이러한 때 부모가 공감적으로 반응하면 아이는 자신이 충분히 존중받을 만한 가치가 있는 사람이라는 확신을 갖고 높은 자존감을 형성할 수 있게 된다.

마지막으로 공감에서 매우 중요한 요소는 공감한 마음을 상대에게 전달하는 것이다. 아이의 마음이 충분히 공감되어도 그것을 말로 표현하지 않고 마음속에만 간직하면 아이는 부모로부터 이해받고 존중받았다는 느낌을 덜 경험하게 된다.

공감을 표현할 때는 아이가 느끼는 감정을 명확하고 간결하게 요약해 주면서 이해하기 위해 노력하고 있음을 보여 주어야 한다. 아무리 부모라 하여도 아이의 마음을 정확하게 알 수 없으니 때로는 공감이 잘 안 될 수도 있는데, 이때도 이해하기 위해 노력하고 있음을 보여 주면서 좀 더 자세히 설명해 달라고 부탁을 할 수 있다. "엄마가 이해하기로는 섭섭한 마음과 창피한 마음이 같이 들었던 것 같은데, 그러니? 친구들한테 배신감도 들고 창피해서 더 크게 화를 냈던 것 같아. 맞아?" 하며 부모가 제대로 이해했는지 확인하는 것이다. 이렇게 공감의 내용을 확인받는 과정을 통해 부모는 아이의 마음을 더 정확하게 읽을 수 있고, 아이는 부모가 자신을 이해하기 위해 애쓰고 있음을 확인할 수 있기 때문에 자신이 사랑받고 존중받을 만한 가치 있는 사람이라는 믿음을 더 확고하게 갖게 된다.

공감 자체만으로도 자존감은 높아지지만, 한 발 더 내딛기 위해서는 '타당화'가 필요하다. 타당화는 '너는 그런 감정을 느껴 마땅하다.' 혹은 '네가 그런 감정을 느끼는 데는 충분한 이유가 있을 것이다.'라는 것에 대한 인정을 의미한다.

많은 사람들이 감정보다는 이성이 더 중요하다고 생각한다. 그래서 감정을 느끼고 표현하기 보다는 억압하고 감추려 한다. 특히 감정 중에서도 미움, 분노, 수치심 같은 감정은 더 부정하려 한다. 그러다 보니 자신은 물론 자녀의 감정에 대해서도 수용이 잘 안 된다.

감정을 타당화하기 위해서는 감정에는 옳고 그름이 없다는 인식을 분명히 해야 한다. 사람들은 흔히 감정을 긍정적 감정과 부정적 감정으로 구분하는데, 엄밀하게는 유쾌한 감정과 불쾌한 감정으로 구분하는 게 맞다. 기분을 좋게 만드는 감정과 기분을 나쁘게 만드는 감정을 구분할 수는 있지만, 느껴도 되는 감정과 느껴서는 안 되는 감정, 좋은 감정과 나쁜 감정, 옳은 감정과 틀린 감정을 구분할 수는 없다.

모든 감정은 당사자에게는 매우 자연스러운 것이며 그럴만한 충분한 근거가 있기 때문에 일어나는 것이다. '나라면 그렇게 안 느끼겠다'거나 '그렇게 느껴봐야 무슨 소용이 있냐'는 감정을 느끼는 주체를 비난하거나 무시하는 것이다. '너는 그렇게 느낄만한 충분한 이유가 있을 것이며, 나는 그것을 존중한다.'는 메시지, 즉 타당화를 통해 아이는 자기 확신을 갖게 된다.

타당화를 제대로 하려면 아이의 경험과 그 속에서 느낀 감정에 대해 충분히 귀 기울여 들어서 아이의 입장에서 그 상황과 감정이 이해가 되어야 한다. 공감이 안 되는 감정을 이해하는 척 타당화할 수는 없기 때문이다. '이야기를 들어 보니 내가 네 입장이었어도 그럴 수 있었겠다, 충분히 이해가 된다, 네가 그렇게 느끼는 게 마땅하다.'는 생각이 부모의 마음에서 자연스럽게 들 만큼 충분히 상황 파악이 되어야 하는 것이다.

타당화를 한다고 해서 아이의 모든 것을 받아주고 인정하는 것은 아니다. 타당화 이후에는 상황을 객관화하여 다른 사람의 입장과 감정에 대해서도 알려 주어야 자신이 존중받은 만큼 다른 사람도 존중할 수 있게 된다.

'왜 그렇게 느끼느냐', '그렇게 느끼는 것이 무슨 소용이 있느냐'가 아니라, '그렇게 느낄만하다'며 공감을 받고 존중을 받게 되면 똑같은 상황을 이전과 다른 관점에서 바라보고 다른 감정을 느낄 수 있는 여유를 갖게 된다. 그러니 감정에만 빠져 있지 않고, 그 상황에서 한 발짝 물러서서 자신과 주변을 쳐다볼 수 있게 된다. 상황을 객관적으로 바라보면서 타인의 입장도 생각할 수 있게 되는 것이다.

그러니 자기 감정을 이해받고 인정받은 후에는 "너는 그렇게 느껴서 화가 났겠지만, 친구는 그런 의도가 없었을 수도 있지 않았을까?"라던 가 "그때 너는 그렇게 생각할 수밖에 없었겠지만, 지금은 다르게 생각되 거나 후회되는 부분도 있을 것 같은데, 어떠니?" 등의 말에 귀를 기울이 게 되고 대화를 할 수 있게 된다. 그리고 그 과정에서 자신과 타인의 입 장을 편안하게 들여다볼 수 있게 되는 것이다. 부모의 말이 아무리 옳다 고 해도 공감과 타당화 없이 설득과 설교만 하게 되면, 아이는 "우리 엄 마 말은 틀린 게 하나도 없어요. 그런데 이상하게 엄마 말대로 하기가 싫 어요."하며 거부감을 보이게 된다.

중요한 것은 감정을 타당화하는 것과 행동을 용인하는 것을 혼동해서 는 안 된다는 것이다. 감정은 받아 주더라도 행동의 경계는 분명히 설정 해 주어야 한다. 감정에는 옳고 그름이 없지만, 행동에는 옳고 그름이 있 기 때문이다. 잘못된 행동은 다시 반복되지 않도록 해야 하고, 이미 한 잘못된 행동에 대한 책임도 아이에게 지도록 해야 한다. "얼마나 속이 상 했을까. 오죽하면 친구를 때리고 싶었겠니. 엄마가 네 입장이었어도 정말 화가 났을 것 같아."에서 멈추면 안 된다. "하지만 아무리 화가 나도 사람 을 때려서는 안 돼. 친구를 때린 너의 행동은 분명 잘못된 거야."하며 사 과를 하게 하거나 벌을 주거나 무언가 다른 조처를 취하여 올바른 행동 과 그렇지 않은 행동을 구분할 수 있게 가르쳐야 하는 것이다.

공감적 대화의 기술

공감적 대화도 해본 사람이 잘한다. 어려서 부모로부터 공감받고 존중받은 경험이 많은 사람은 자연스럽게 자녀와도 공감적 대화를 나눌 수 있지만, 그렇지 못한 우리 시대 많은 부모들은 경험 부족으로 인해 공감적 대화를 잘 못한다. 자녀와 공감적 대화를 하고 싶어도, 잘 안 된다면 다음의 단계에 맞추어 공감적 대화를 자주 연습하는 것이 좋다. 처음에는 의식적으로 단계에 맞추어 대화해야 하지만, 차츰 익숙해지면 자연스럽게 대화에 몰두할 수 있게 될 것이다.

첫 단계는 아이의 이야기에 귀를 기울이는 것이다. 이때는 하던 일이나 생각을 잠시 멈추고 아이에게 집중해야 한다. 아이의 이야기를 중간에 자르지 않고 끝까지 들어주어야 하며 눈을 마주하는 것이 좋다. 그리고 아이의 말뿐만 아니라 행동에도 관심을 기울여야 한다. 얼굴이 시무룩하다거나 엄마의 시선을 피하면서 몸을 산만하게 움직이는 것과 같은 행동이 말보다 더 정확하게 마음을 표현하는 경우가 많다.

두 번째 단계는 아이의 말이나 행동 속에 담긴 마음이 무엇인지를 생각해 보는 것이다. 많은 부모들이 아이와 대화를 할 때 아이의 마음을 이해하고 공감하기보다는 설명이나 비판을 먼저 하는데, 이것은 부모가 아이에게 답을 알려주고 이끌어주어야 한다는 생각 때문으로 보인다. 판단하거나 설명하려 하지 말고, 아이의 마음이 무엇인지에 초점을 맞추어야 한다. "엄마, 공부는 왜 해야 돼?"라고 묻는 아이는 "엄마 공부가 너무 힘들어. 그만 하면 안 돼?"하고 묻는 것이다. 성공을 하기 위해 공부를 해야 한다는 것을 몰라서 묻는 것이 아니다. 아이는 공부의 필요성이 궁금했던 것이 아니라 공부가 지루하고 힘들다는 마음을 표현하고 싶었던 것이다. 이때 부모는 "공부하는 것이 힘들구나."하고 공감만 해주면 된다.

마지막 단계는 말속에 담긴 아이의 마음을 이해한 후에는 그것을 전달하는 것이다. 아주 가까운 사람들끼리는 굳이 속마음을 이야기하지 않아도 서로 통할 것이라는 착각이 오해를 낳는다. 아이는 표현하지 않는 부모의 마음을 헤아리기 힘들다. "그래 알았어."하고 두루뭉술하게 대꾸하기 보다는 "공부가 재미없고 지루해서 하기 싫구나.",

"영어 숙제 하느라 힘이 많이 드는 모양이네."처럼 구체적으로 아이의 마음을 읽어주는 것이 좋다. 마음을 표현하고 공감받은 아이는 '힘들어도 공부는 해야 한다.'는 이미 알고 있던 사실을 되새김질할 수 있게 된다.

공감을 위한 대화의 5원칙

❶ 눈을 쳐다보고 이야기한다.

❷ 아이의 이야기를 중간에 자르지 않고 끝까지 듣는다.

❸ 말뿐만 아니라 행동으로 전하는 메시지에도 귀 기울인다.

❹ 아이의 마음이 짐작되지 않을 때는 직접 물어본다.

❺ 부모가 이해한 아이의 마음을 표현한다.

공감의 핵심, 좌절된 욕구 찾기

인간은 누구나 욕구(drive)를 가지고 있고 그 욕구를 충족시키기 위해 행동한다. 욕구가 충족되었을 때 인간은 만족감과 성취감을 느끼지만, 욕구 충족이 좌절되면 불만이 생기게 된다. 그런데 개인이 가지고 있는 욕구들 중에는 서로 상충하는 욕구들이 있기 때문에 사람은 언제, 어떤 욕구를 우선 충족시킬지를 결정해야 한다. 또 자신이 충족시키고자 하는 욕구가 환경 내에서 바람직하게 여겨지지 않을 수도 있다. 때문에 욕구가 만족스럽게 충족되는 때도 있지만, 욕구 좌절을 겪어야 하는 때도 있다. 순간순간 자신의 욕구를 잘 파악하고 현실에서 그것을 충족시킬 수 있는 방법을 찾아낼 수 있는 사람은 높은 자존감을 유지할 수 있지만, 자신이 원하는 것이 무엇인지, 그것을 얻기 위해 무엇을 어떻게 해야 하는지를 알지 못하는 사람은 자존감을 높일 수 없다.

상담 심리학자 글래서(Glasser)는 인간의 기본적인 욕구를 다음과 같이 정리한 바 있다.

소속의 욕구

소속의 욕구는 자신이 속한 사회 속에서 사랑, 우정, 관심, 돌봄 등을 나누며 참여하기를 바라는 욕구를 말한다. 인간은 발달 단계에 따라 소속의 욕구를 느끼고자 하는 집단에 차이를 보이는데, 영유아기에는 가정에서 부모, 형제로부터의 사랑과 돌봄이 절대적으로 필요하다면, 아동기에는 학교에서 친구와 선생님으로부터의 우정과 관심이 더 중요해진다. 또 청소년기에는 이성 친구에게서의 호감이나 인기를 통해 소속의 욕구를 더 많이 충족받고자 한다.

힘의 욕구

힘의 욕구는 자기는 물론 자기 자신을 둘러싼 환경에 영향을 미치고 통제하고 싶어 하는 욕구이다. 힘의 욕구는 경쟁과 성취를 통해서 자신이 중요한 존재임을 확인받는 과정에서 충족되며, 이때 성취감과 유능감을 느끼게 된다. 그리고 인정과 존중받는 느낌을 경험하게 된다.

즐거움의 욕구

즐거움의 욕구는 새로운 것을 배우고 놀이를 통해 즐기고자 하는 욕구이다. 인간은 누구나 새로운 것에 대한 호기심을 가지고 있고 호기심을 충족시키면서 기쁨과 흥미를 느끼게 된다. 또한 인간은 즐겁고 신기한 경험을 좋아하고 그 안에서 활력을 갖게 된다. 즐거움의 욕구는 아주 어릴 때부터 나타나는 기본적인 욕구이며, 일상생활 속에서 충족되기도 하지만, 때로는 암벽 등반이나 번지 점프처럼 생명의 위험을 감수하거나 자신의 생활 스타일을 완전히 바꾸는 변화를 감행하면서까지 추구하기도 한다.

자유의 욕구

자유의 욕구는 자신의 인생을 자신이 자율적으로 선택하고 독립적으로 영위하고자 하는 욕구이다. 자유의 욕구는 언제, 어디서, 누구와, 무엇을, 어떻게 할지를 스스로 결정하는 과정을 통해 충족되는데, 자유의 욕구를 충족하기 위해서는 환경과의 절충과 책임있는 태도가 필요하다. 타인의 자유를 침해하지 않기 위한 절충도 필요하고 자신의 선택으로 인한 결과를 책임지려는 의지와 능력이 있어야 하는 것이다.

생존의 욕구

생존의 욕구는 생명 유지에 필요한 기본적 생리적 욕구를 충족시키고자 하는 욕구이다. 먹고, 자고, 배출하는 것과 같은 생리적 활동을 통해 충족되는 생존의 욕구는 인간뿐만 아니라 모든 종이 종족 보전을 위해 필수적으로 갖는 욕구인데, 인간은 인지 능력의 발달과 사회화 과정을 통해 생존의 욕구를 조절하거나 지연시키며 다른 욕구를 우선 충족시키기도 한다.

[그림 4] 글래서(Glasser)가 정의한 인간의 다섯 가지 기본 욕구

글래서는 자신이 정의한 다섯 가지 기본 욕구는 모든 인간이 보편적으로 갖는 욕구이며 인간은 이러한 욕구를 충족시키는 것을 목적으로 행동한다고 주장했다. 그러니 어떤 사람이 특정 행동을 하는 이유를 욕구에서 찾으면 그 사람을 이해하고 공감하기가 쉬워진다.

예를 들어 학교에서 돌아온 아이가 친구와 싸운 이야기를 하면서 속상해할 때에 아이를 정확히 이해하고 공감하기 위해서는 아이의 입장에서 어떤 욕구가 충족되지 못했기 때문에 속상해하는지를 파악해야 한다. 친구의 괴롭힘과 구타로 인해 공포를 느꼈을 수도 있고(생존의 욕구), 친한 친구를 잃거나 친구들과 편안하게 섞여 놀지 못하는 것에 대한 속상함 때문일 수도 있다(소속의 욕구). 혹은 사람들 앞에서 힘 있는 사람으로 보이고 싶은 욕구(힘의 욕구)가 좌절되었기 때문일 수도 있다.

"왜 친구랑 싸우고 그래, 친하게 지내야지.", "그 친구 엄마가 혼내 줄게. 너무 속상해하지 마." 하며 덮어 놓고 설교를 하거나 위로를 하는 것은 별 도움이 되지 않는다. 스스로 자신의 어떤 욕구가 좌절되었는지를 탐색하고 그 욕구를 충족시킬 수 있는 방안을 찾을 수 있을 때 아이의 자존감은 높아지게 된다.

생존의 욕구 때문인 경우에는, 병원에 데리고 가 치료를 받게 하고, 학교에 이 상황을 알려서 폭력이 다시는 일어나지 않도록 해야 한다. 그리고 아이에게도 폭력 상황에서 어떻게 대처해야 하는지 알려 주고, 아이가 원한다면 스스로를 방어하고 체력을 기르는데 도움이 되는 운동을 가르치는 것도 좋다.

소속의 욕구 때문이라면, 친구와의 갈등 상황에 대한 보다 자세한 이야기를 듣고 친구를 잃는 것에 대한 두려움, 친구들 사이에서 나쁜 평판을 받을 것에 대한 걱정 등에 초점을 맞추어 공감해 주어야 한다. 그리고 양보와 타협이 필요한 상황에서 취할 수 있는 행동, 절충안을 마련하는 방법, 이미 싸움을 한 친구와 화해하는 방법 등을 함께 고민하는 것이 필요하다.

힘의 욕구 때문이라면, 싸움을 한 친구나 주변 친구들에게 더 이상자신의 영향력을 발휘하지 못할 것과 관련된 걱정과 분노에 초점을 맞추어 공감해 주어야 한다. 싸운 친구가 내뱉은 말과 행동, 싸움을 목격한다른 친구들의 태도 등을 아이가 어떻게 해석하고 있는지에 귀 기울이며, 경쟁에서 진 것으로 인한 자존심의 상처를 보듬어야 한다. 그리고 자존심 회복을 위한 전략을 아이와 머리를 맞대어 짜고, 다음 번의 비슷한 상황에서 현명하게 이길 수 있는 방법을 알려 줄 필요가 있다.

현명하게 이길 수 있는 방법은 상황에 따라 다르지만, 솔직하고 당당하게 자신의 기분을 말하고 원하는 바를 이야기하는 것이 효과적이다. 예를 들어 이름을 가지고 놀리는 친구에게 "내 이름 가지고 더 이상 놀리지 마. 네가 놀릴 때마다 창피하고 화가 나. 이름 가지고 사람을 놀리는 건 어린 아이들이나 하는 유치한 행동이야."하며 당당하게 말할 때 상대는 물론 주변의 구경꾼들에게까지 아이를 힘 있고 현명한 사람이라는 인상을 줄 수 있게 된다. 아이에게 이런 말과 태도를 가르치고 역할 연기를 통해 충분히 연습시키면 아이는 비슷한 다른 상황에서도 당당하게 자신의 느낌과 원하는 바를 말해서 힘의 욕구를 충족시킬 수 있게 된다.

이러한 욕구는 서로 보완되는 면도 있지만, 상충되기도 한다. 예를 들어 즐거움의 욕구나 자유의 욕구는 소속의 욕구와 상충할 수 있다. 즐거움을 추구하고자 늦은 시간까지 놀다 보면 부모님께 혼나는 일이 잦아져 소속의 욕구를 충족시키지 못하게 되고, 타인의 지도나 통제를 거부하고 자유의 욕구만을 추구하다 보면 이기적이고 제멋대로인 사람으로 낙인찍혀 집단 내에서 거부될 수 있기 때문이다. 또 힘의 욕구를 충족시키고자 경쟁과 성취를 추구하다 보면 잠을 줄이거나 밥 먹는 시간을 아까워하며 생존의 욕구를 등한시하게 될 수도 있다. 때문에 어떠한 욕구를 우선 충족시킬 것인가를 결정하는 것은 아주 중요하다.

사람에 따라 더 우선시하는 욕구가 다를 수 있는데, 우선시되는 욕구는 타고난 기질의 영향을 받는다. 기질적으로 호기심이 많은 사람은 즐거움의 욕구와 자유의 욕구를 중요시하고, 타인에 대한 의존도가 높은 사람은 소속의 욕구를 중요시할 수 있다. 또 자신이 속한 가정, 학교, 사회가 중요시하는 가치에 맞추어 욕구를 발달시킬 수도 있다. 가족 중심적 문화나 타인과의 조화, 타인 지향적인 삶을 강조하는 문화 안에서는 소속의 욕구를 중요시하는 반면, 개인의 주체적 의지와 독립성을 강조하는 문화 안에서는 자유의 욕구나 즐거움의 욕구가 더 가치 있게 여겨질 수 있다. 또 경쟁과 성공을 강조하는 문화 안에서는 힘의 욕구가 더 존중받기 쉽다.

하지만 다섯 가지 욕구는 인간이라면 모두 추구하는 욕구이기 때문에 어느 하나를 위해 다른 하나가 완전히 억압되거나 좌절되어서는 안 된다. 개인마다 더 중요시하고 더 충족시키고자 하는 욕구는 다를 수 있지만, 그래도 여전히 다른 욕구들도 충족시켜야 심리적으로 건강한 삶을 유지할 수 있고, 높은 자존감도 형성할 수 있는 것이다.

사람은 또한 누구와 어떤 상황에 처해 있느냐에 따라 더 우선 충족시키고자 하는 욕구가 달라지는데, 어떤 사람은 자신이 원하는 바를 분명히 알고 그것에 도움되는 행동을 하는 반면, 어떤 사람은 자신이 원하는 바를 정확히 알지 못하거나 알더라도 그것을 얻기에 부적절한 행동을 함으로 인해 욕구 충족이 안 될 수 있다. 예를 들어 또래 친구들로부터 소속의 욕구를 충족받고자 할 때 어떤 아이는 친구에게 친절하게 말을 하거나, 학용품을 나누어 쓰는 것과 같은 친사회적 행동을 통해 인기와 사랑을 얻지만, 어떤 아이는 비싼 물건을 자랑하거나, 자신의 능력을 부풀려 과시하는 비호감 행동으로 원하는 인기를 얻지 못한다. 그리고 자신이 충족시키고자 했던 욕구가 소속의 욕구가 아니라 힘의 욕구였다고 생각하며, 보다 강력하고 공격적인 방식으로 상대에게 힘을 과시하고자 하기도 한다.

그러니 아이가 슬픔이나 분노와 같은 불유쾌한 감정을 드러낼 때는 아이로 하여금 자신의 어떤 욕구가 충족되지 못해서인지를 인식할 수 있게 도와주면서 동시에 그 욕구를 충족시킬 수 있는 가장 효과적인 행동이 무엇인지를 찾을 수 있게 도와야 한다. 자유의 욕구를 충족시키고자 한 일탈 행동 때문에 오히려 징계를 받고 더 많은 자유를 박탈당하게 된 것은 아닌지, 소속의 욕구를 충족시키고자 친구의 비위를 맞춘 행동 때문에 오히려 무시를 당하고 놀림의 대상이 된 것은 아닌지 검토할 수 있게 하는 것이다.

이 과정에서 자신의 욕구뿐만 아니라 다른 사람의 욕구 역시 존중되어야 함을 함께 가르쳐야 한다. 자신의 욕구를 충족하기 위해 타인의 욕구 충족을 방해하지 않아야 하며, 자신의 욕구와 상대의 욕구가 상충할 때는 타협점을 찾아야 함을 일깨우는 것이다.

자존감을 위협하는 신체 변화

사람은 긴장이 되거나 당황스러운 상황에서는 심장 박동이 빨라지고 손에 땀이 나는 것과 같은 신체적 변화가 나타난다. 이것은 자율신경계의 반응 때문이다. 자율신경계는 본인의 의지와는 무관하게 심장박동, 호흡, 혈압, 땀, 피부온도, 동공, 호르몬 분비 같은 것을 자동으로 조절하는 기능을 통해 생명을 유지시키는 기능을 한다. 위기 상황에서 살아남기 위해 생각이라는 복잡하고 긴 과정을 거치지 않고 몸이 자동적이고 즉각적으로 반응하는 것이다.

자율신경계는 교감 신경계와 부교감 신경계로 구분되는 교감 신경계는 위험한 대상이나 상황으로부터 자신을 보호하기 위해 심장, 폐, 동공, 근육을 자극한다. 그래서 위험이 감지되는 상황에서는 심장박동이 빨라지고, 혈압이 상승하고, 호흡이 가빠지고, 동공은 커지고, 근육에 힘이 들어간다. 또한 위기 대처에 기여하지 않는 소화 기관으로의 혈액 공급을 줄이기 때문에 소화액 분비가 감소하면서 침이 마르게 된다. 그리고 이때 호르몬 분비량이 변화하여 신체 각성 수준을 증가시키는 스트레스 호르몬이 대량 방출된다.

교감 신경계의 활성화는 인지적 과정을 거치지 않고 나타나는 본능적 반응인데, 자기 몸에 나타난 이러한 변화를 어떻게 인식하고 해석하느냐에 따라 자존감은 달라지게 된다. 이러한 몸의 변화를 자연스럽고 긍정적으로 받아들이면 높은 자존감을 발달시킬 수 있지만 파국적이고 부정적으로 받아들이면 자존감이 낮아지게 된다.

예를 들어, 많은 사람들 앞에서 발표를 해야 하는 상황에서 점점 자기 차례가 다가올수록 호흡이 가빠져서 숨이 막히는 느낌이 들고 침이 바짝바짝 마를 수 있다. 이때 "내가 긴장하고 있구나. 누구나 긴장을 하면 이렇게 되지. 괜찮아. 숨을 크게 들이쉬고 마시는 것을 반복하면 숨을 제대로 쉴 수 있게 돼."라고 생각하면 준비한 만큼 발표를 잘할 수 있어 높은 자존감을 유지할 수 있지만, "내가 왜 이러지? 숨을 쉴 수가 없어. 아! 답답해. 물이 어디 있지? 지금 당장 물을 마시지 못하면 목이 타서 죽을 것 같아. 큰일 났네."라고 생각하면 발표를 망칠 수밖에 없고, 당연히 자존감은 떨어지게 된다.

신체적 각성 상태에 대한 이해를 통한 알아차림

자존감을 높이기 위해서는 자기 몸의 각성 상태를 빨리 알아차리고 이것을 편안하게 받아들일 수 있게 교육하는 것이 필요하다. 이를 위해서는 책과 실제 경험을 활용하는 것이 좋다.

책을 활용하는 방법은 시중에 나와 있는 인간의 몸, 특히 자율신경계와 관련된 책을 골라서 아이와 함께 읽고 이야기를 나누는 것이다. 이런 책은 유아동용으로 제작된 자연과학 전집에 포함되어 있기도 하고 단행본으로 발행된 것도 많기 때문에 어렵지 않게 구할 수 있다. 아이 혼자 읽는 것보다 부모와 함께 읽으면 아이가 제대로 이해하지 못한 부분을 설명할 수도 있고 생활 속 예를 보충해서 이해를 도울 수도 있어 더 좋다.

아이가 책을 통해 자율신경계 활성화로 인한 몸의 변화를 이해했다면, 이것은 모든 사람이 공통적으로 경험하는 자연스러운 현상이라는 것을 강조하면 된다. 몸의 변화는 생명을 보존하려는 본능적인 작용이기 때문에 몸의 변화가 자신이 용감하지 못하거나 똑똑하지 못해서 생긴다고 생각할 필요도 없고, 몸의 변화 때문에 모든 일이 엉망이 될 것이라고 예상할 필요도 없다는 것을 알려주는 것이다.

일상생활 중에도 아이가 흥분하거나 긴장했을 때 자율신경계가 활성화되는 것을 관찰할 수 있다. 눈을 크게 뜨거나 손에 땀이 나거나 목소리가 커지는 것과 같은 몸의 변화가 그것이다. 아이가 이 상태에 있을 때는 곧바로 설명할 수 없지만, 시간이 지나 안정이 된 후에는 조금 전 몸의 변화가 자율신경계 활성화로 인한 것이었다는 것을 설명할 수 있다. "좀 전에 많이 긴장한 것처럼 보이더라. 손을 쥐었다 폈다 하면서 땀을 식히려고 하고, 숨도 거칠게 쉬고. 원래 모든 사람은 위험하다고 판단되는 때에 너처럼 몸이 먼저 그런 신호를 주는 거야. 위험하니까 일단 생명을 지키려고 자동적으로 몸에 변화가 나타난다는 것, 지난번 책에서 읽었던 내용 기억나니?" 하며 자연스럽게 받아들일 수 있도록 설명해 주는 것이다.

신체 각성의 기제를 이해시킨 후에는 교감 신경계의 활성화 수준을 낮추는 방법도 지도할 필요가 있다. 대부분의 상황에서 교감 신경계는 필요 이상으로 활성화되어 실제 수행을 방해하기 때문이다.

복식 호흡은 심장박동을 정상화하고 근육의 긴장을 푸는데 많은 도움이 된다. 보통의 사람들은 일상에서 흉식 호흡을 하기 때문에 복식 호흡법은 따로 배우고 연습해야만 필요한 상황에서 활용할 수 있다.

아이들에게 복식 호흡을 가르칠 때는 배를 풍선에 비유하는 것이 효과적이다. 풍선에 바람을 불어 넣는 기분으로 숨을 크게 들이쉬면서 배를 부풀어 오르게 하고, 풍선에 바람을 빼는 기분으로 숨을 크게 내쉬는 것이다. 손을 배에 올려놓고 호흡과 함께 배가 커지고 작아지는 것을 느끼게 되면 더 쉽게 복식 호흡을 배울 수 있다.

복식 호흡을 하면서 다음과 같이 자기 자신을 격려하거나 편안하게 하는 말을 함께 하는 것도 좋은 방법이다.

더불어 자신이 원하는 모습, 이미 성공해서 뿌듯함을 느끼고 있는 상황을 상상하면 마음의 안정을 찾기 쉽다. 이것은 스포츠 선수들이 많이 활용하는 마인드 컨트롤 기법이기도 하다. 평소에 10점 만점짜리 과녁에 화살을 명중시키고 있는 모습이나 시상대의 가장 높은 곳에서 금메달을 걸고 환하게 웃고 있는 자신의 모습을 반복적으로 떠올리도록 하여, 실제 경기나 위기 상황에서 수월하게 그 장면을 상상하도록 하는 것이다. 아이들도 복식 호흡을 통해 몸의 상태가 안정되고 편안해지면 눈을 감게 하고 발표를 유창하게 하고 있거나 발표를 마치고 박수를 받고 있는 자신의 모습을 떠올리도록 도와 마인드 컨트롤을 하는 방법을 교육할 수 있다.

어떤 모습을 떠올릴 때는 가능한 생생하게 실제와 가깝게 떠올리도록 해야 하며, 반복적으로 떠올려야 한다. 특히 긴장을 많이 느끼는 장면이나 꼭 이루고 싶은 모습을 반복적으로 떠올리다 보면 신체적 각성 상태도 조절할 수 있고 목표도 성취 가능한 가까운 것으로 느껴지기 때문에 실행 능력을 높일 수 있다.

상담가이자 심리학자인 루시 조 팰러디노[*]는 긴장 상황에서 마음을 진정시키고 집중력을 유지하기 위한 방법으로 사각 호흡법을 제안한 바 있다. 사각 호흡법은 주변에서 쉽게 접할 수 있는 사각형, 예를 들어 책, 복사 용지, 컴퓨터 화면, 문, 창문 등을 활용하여 호흡을 조절하는 방법이다. 사각형의 네 꼭지점을 쳐다 보며 복식 호흡을 하면서 마음을 가다듬는 것이다. 방법은 다음과 같다.

❶ 위편 왼쪽 구석을 보고 마음으로 하나, 둘, 셋, 넷을 세면서 숨을 들이마신다. 복식 호흡을 하게 되면 배는 부풀게 된다.

❷ 시선을 위편 오른쪽 구석으로 옮기고 숨을 참으면서 넷을 센다. 숨을 멈추는 것이다.

❸ 시선을 아래편 오른쪽 구석으로 옮긴 뒤 하나, 둘, 셋, 넷을 세면서 숨을 내쉰다. 숨을 내쉬면서 배도 함께 홀쭉해져야 한다.

❹ 시선을 아래편 왼쪽 구석으로 옮기고 미소를 지으면서 조용히 읊조리거나 마음속으로 생각한다. "긴장을 풀자. 다 잘될 거야."

[*] 『포커스 존』(2009) 리시 조 팰러디노 저, 멘토르

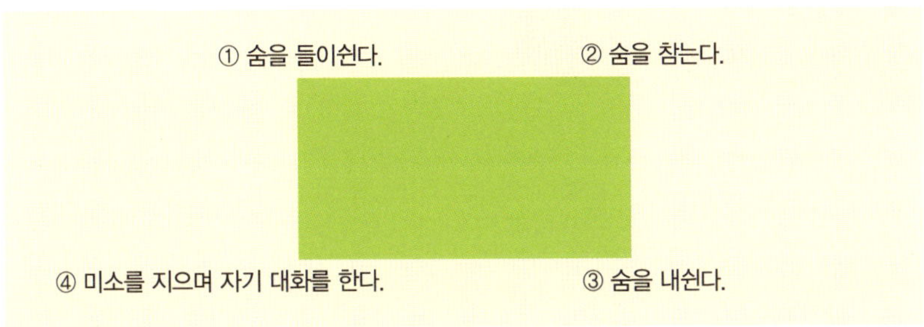

이런 과정을 반복하면서 호흡을 가다듬다 보면 신체적 긴장이 풀어지고 활성화되었던 교감 신경계가 안정되게 된다. 특히 마지막 꼭짓점을 응시하면서는 평소 자신에게 힘이 되거나 자신을 편안하게 했던 말을 스스로에게 하는 것이 좋다. 명언이나 성경 구절, 시의 한 구절 등을 외워 두었다가 이럴 때 활용하는 것도 아주 좋은 방법이다.

특히 이런 방법은 시험이나 발표와 같이 평가나 타인의 주목을 받는 상황에서 크게 긴장하는 아이들의 자존감 교육에 많은 도움을 준다. 이런 아이들은 잘해야 한다는 강한 부담감으로 인해 다른 사람들보다 교감 신경계가 쉽게 활성화되는데, 이때 많은 아이들이 몸의 변화를 부정적으로 해석하고 몸의 변화로 인해 더 안 좋은 결과가 생길 것을 예상하기 때문에 실제 수행도 평소보다 더 못하게 된다. 낮은 수행은 자존감을 떨어뜨리기 때문에 악순환이 될 수밖에 없다. 그러니 긴장이 심한 아이일수록 반복적으로 신체적 변화를 알아차리고 조절하는데 필요한 전략을 교육시켜 몸에 배이게 하는 것이 필요하다. 그래야 위기 상황에서 몸에 배인 전략을 활용할 수 있게 된다.

자기 조절 능력 향상

자존감은 자신의 능력에 대한 평가에 근거한다. "최선을 다했으니 괜찮아. 다음번에 더 열심히 하면 좋은 결과를 얻을 수 있을 거야."라는 위로도 낮은 능력으로 인해 실패를 거듭하는 상황에서는 의미가 없다. 실제로 좋은 결과를 얻어야 자존감이 높아지기 때문이다. 그래서 자존감 교육을 위해서는 자신의 실제 능력을 향상시키는 법도 가르쳐야 한다.

자기 조절 능력은 외부의 보상이나 감독이 없어도 스스로 자신의 행동을 관찰, 평가, 조정하여 목표 지향적인 행동을 하는 능력이다. 자기 조절 능력이 높은 사람은 자신의 상태와 주어진 환경의 조건을 파악하여 자신이 목표하는 것을 얻는데 유리한 행동을 한다. 자기 조절 능력이 높은 사람은 또한 즉각적인 보상이 없는 상황에서도 더 큰 보상을 얻기 위해 만족을 지연시킬 수 있고, 지루하고 힘든 과제를 수행할 때도 짜증이나 불안과 같은 불쾌한 정서를 잘 관리할 수 있다. 그래서 자기 조절 능력이 높은 사람은 주의력과 집중력이 높고 자기 주도적으로 학습할 수 있으며, 대인관계 능력도 뛰어나다. 자기 조절 능력은 이렇게 개인의 실제 능력을 높이는데 많은 도움이 된다. 그러니 자기 조절 능력을 높여줄 경우 실제 수행에서의 좋은 결과를 통해 자존감을 높일 수 있다.

자기 조절 능력이 높은 사람은 자신의 능력이나 상태에 대한 관찰 및 평가, 계획 수립, 실행 과정에서의 문제점에 대한 분석, 자기 능력의 발전 정도에 대한 평가 등을 잘한다. 이런 과정을 통해 자신의 목표를 이루는 데 필요한 행동을 실천하고 성공에 이를 수 있기 때문이다.

다음의 5단계 전략은 자기 조절 능력을 높이기 위해 한국집중력센터에서 개발한 실행법이다. 문제 해결을 위한 질문을 자기 자신에게 묻고 생각하고 대답하는 과정을 거쳐 스스로에게 가장 적합한 방법을 찾아내고 실행한 후 평가하는 것이다. 이러한 실행법은 충동성과 산만성을 줄이기 때문에 집중력 향상에도 많은 도움이 된다.

자기 조절 능력이 높은 사람은 자신의 수준과 상태에 맞는 목표를 설정한다. 그리고 그 목표에 맞추어 해야 할 행동을 정한다. 반면 자기 조절 능력이 낮은 사람은 아주 낮은 목표를 설정하거나 터무니없이 높은 목표를 설정한다. 목표가 낮은 경우 성공을 해도 누구나 수월하게 하는 성공이기 때문에 자존감을 높일 수 없고, 목표가 지나치게 높은 경우 실패를 당연한 것으로 받아들이기 때문에 자기 발전을 할 수 없다. 오히려 '어차피 노력을 해도 안 되는 일이었어.'라고 자기 합리화를 하며 노력을 게을리하게 된다. 때문에 자신의 수준에 맞는 현실적인 목표를 설정하는 것은 자존감 교육에 매우 중요하다.

많은 부모들이 아이를 대신해서 아이가 해야 할 것을 결정해 준다. "학교 숙제부터 하고 학원 다녀와서 학습지를 풀도록 해." 하고 알려주기도 하고 아예 아이가 해야 할 일을 시간대별로 정리해서 적어주기도 한다. 이것이 반복되면 아이는 자신의 수준과 상태를 파악할 기회를 갖

지 못하고, ‘적정한 목표 수립 → 성공 → 자존감 향상’의 선순환 과정
을 경험하지 못한다. 마지못해 억지로 하거나 시늉만 내면서 수동적인
태도를 갖게 되고 자신의 능력을 발전시킬 주도성을 갖지 못하기 때문
에 ‘매우 낮은 목표 수립 → 성공 → 자신의 능력에 자부심을 느끼지 못
함 → 자존감 변화 없음’ 혹은 ‘매우 높은 목표 수립 → 실패 → 노력하
지 않은 자신에 대한 반성 없음 → 자존감 변화 없음’과 같은 악순환에
빠지게 된다.

자존감을 높이기 위해서는 스스로 해야 할 것을 정하고 그것에 대한
책임 또한 스스로 지도록 해야 한다. 그리고 그것이 자신의 상황에 맞는
현실적인 것이 될 수 있도록 도와야 한다. 그러기 위해서는 “오늘 숙제 없
어?”, “학습지 풀어야 되는 거 아니야? 왜 자꾸 학습지를 미루는 거야?”
같은 폐쇄형 질문보다는 “오늘 꼭 해야 하는 일은 무엇이니?”, “오늘 어떤
공부를 해야 하니?”와 같은 개방형 질문으로 스스로 해야 하는 일들을
생각하고 목록화 하도록 하는 것이 좋다.

많은 아이들이 무엇을 해야 하는지 스스로 결정해서 하기 보다는 엄
마나 선생님이 시키는 대로 하는 것에 익숙해져 있기 때문에 처음에 이
런 질문을 받으면 대답을 잘 못한다. 엄마가 “오늘 해야 하는 공부는 뭐
야?”라고 질문하는데 “예? 몰라요.”라고 하며 시큰둥하게 대답하거나, 의
아한 눈으로 엄마를 쳐다본다면, 그만큼 아이가 그동안 다른 사람이 자
기가 할 일을 정해주는데 익숙해져 있다는 의미이기도 하다. 아이가 선
뜻 대답을 못한다고 해서 아이가 무엇을 해야 하는지 모른다고 단정을

짓고 엄마가 대신 말해 주어서는 안 된다. 아이가 대답할 때까지 충분히 기다려 주면서, "오늘 숙제가 뭐야? 학원가기 전에 해야 되는 건 없니?"와 같은 질문을 통해 약간의 힌트를 줄 수 있다.

매일 저녁 하루를 마무리하면서 내일 해야 하는 중요한 일이나 공부를 생각하거나 매일 아침 학교에서 1교시 시작 전이나 학교에서 돌아와 간단한 휴식을 취한 직후 오늘의 할 일을 생각하는 습관을 들여 주는 것은 매우 필요하다. 이를 위해서는 부모가 꾸준히 정해진 시간에 같은 질문을 반복하고 스스로 생각할 시간을 주어야 한다. 그리고 자신이 생각한 해야 할 일들을 적도록 하고 다른 중요한 일들을 놓치고 있지는 않은지, 너무 무리하게 많은 일들을 하려고 하는 것은 아닌지, 하루 만에 다 할 수 있는 것들인지를 함께 생각해 보며 현실적인 목표를 정하도록 도와야 한다.

시험 목표를 세울 때도 마찬가지이다. '90점 이상', '5등 이내' 같이 부모가 기대하는 목표를 던져주고 달성하라고 촉구하는 것이 아니라 스스로 목표 점수를 세우도록 해야 한다. 그리고 그 목표의 적절성을 함께 고민해 주어야 한다. "이번 수학 단원 평가에서 95점 이상 받으면 원하는 걸 들어줄게"가 아니라 "이번 수학 단원 평가 목표 점수는 몇 점이니?" 하고 물어 보는 것이다. 대부분의 아이들은 이때 100점을 받겠다고 한다. 물론 100점을 받는 것이 좋긴 하지만, 직전 시험 성적, 자신의 현재 공부 정도, 시험까지 남아 있는 시간, 시험의 난이도 등을 고려해서 현실적인 목표를 세우는 것이 중요하다. "100점 받으려면 얼른 들어가서 공부 좀

해. 너는 왜 늘 입으로만 공부를 하니?" 하기 보다는 "지난 시험에도 100

점을 목표로 했지만 80점을 받았잖아. 시험까지 일주일 밖에 안 남았는

데, 교과서 문제는 다 풀어 봤어? 100점 받으려면 문제집도 꼼꼼히 풀어

야 할 텐데……. 이번 단원은 네가 특히 어렵다고 했으니까 목표 점수를

좀 낮춰야 하지 않을까?" 같은 객관적 정보를 포함한 대화를 통해 현실

적인 목표를 세우도록 해야 한다.

시험에서 목표 점수 설정이 중요한 이유는 목표 점수에 따라 공부 방법이 달라지기 때문이다. 100점을 목표로 할 때의 공부법과 90점 이상을 목표로 할 때의 공부법, 70점 이상을 목표로 할 때의 공부법이 같을 수는 없다. 100점을 목표로 하는 사람은 교과서 수준을 뛰어 넘는 어려운 문제까지 풀어야 하며, 모르는 문제는 반드시 해결하고 넘어가야 한다. 하지만 90점이 목표일 때는 교과서 수준의 문제에 초점을 맞추되, 너무 어려운 문제는 과감히 포기하는 것이 낫다. 70점이 목표일 때는 교과서 문제 중에서도 난이도가 높은 문제나 응용 문제까지 풀려고 애쓰지 않고 쉬운 문제를 반복적으로 풀어야 한다.

자존감은 자신의 능력에 대한 확신이 생길 때 높이지기 때문에, 처음부터 거창한 목표를 세워서 실패를 경험하게 하느니, 현실적인 목표를 세우고 그것을 이루어 나가면서 단계적으로 목표를 높여 나가도록 하는 것이 낫다. 이것을 통해 아이는 목표 달성을 위한 구체적인 행동 계획을 세우고 계획에 맞추어 행동하는 자기 조절 능력이 높은 사람의 특성을 갖추게 된다.

꼭 시험과 관련된 목표가 아니어도 매일 규칙적으로 해야 하는 일들을 스스로 정한 후에 그것을 언제, 어떤 방법으로 하면 더 잘할 수 있을까를 생각하여 계획을 세우도록 해야 한다. "오늘은 숙제하는데 시간이 얼마나 걸릴 것 같니?", "보통 학습지 한 장 하는데 몇 분 걸리지?", "영어 테이프는 20분짜리지? 듣고 나서 문제까지 푸는 데는 얼마나 걸릴까?" 등의 질문을 통해 각 활동별 소요 시간을 예상하고, 그것에 근거하여 계획을 세우도록 하는 것이다. 1단계에서 해야 할 일을 목록화하면서 2단계를 같이 하면 된다. 1단계와 마찬가지로 전날 밤이나 당일 날 아침 혹은 방과 직후 언제든 상관없다.

그런데 아이들은 어른만큼 정확한 시간 개념을 가지고 있지 않기 때문에 이런 질문에 대답을 잘 못한다. 보통 한 시간 이상 붙들고 있어야 끝나는 일도 "금방 해요. 한 20분?"이라고 말하기도 하고, 30분이면 끝낼 수 있는 것도 "한 시간이요."라고 말하기도 한다. 이때 "바보같이. 그거 계산도 못하니?"라고 말하거나 "말도 안 되는 소리하지 마. 너 평소 하는 거 봐서는 3시간도 모자라겠다."라는 식의 말을 하기보다는 아이의 예상을 그대로 인정해 주고, "엄마 생각엔 30분 정도 걸릴 것 같은데, 일단 한번 하면서 시간 체크를 해 보자." 하며 부모의 생각을 이야기해 주면 된다.

각 활동별로 소요되는 시간을 예상한 후에는 그날 스케줄을 고려하여 언제쯤 하는 것이 가장 나을지를 생각해 보도록 하면 된다. "내일은 학교에서 3시쯤 돌아오니까 잠깐 쉬었다가 4시에 영어부터 시작하고, 끝나면 국어 숙제 하고, 그리고 6시에 좋아하는 TV 프로그램 보고, 저녁 먹은 후에 다 못한 것이 있으면 보충하면 되겠다." 정도의 대략적인 흐름을 짜고 해야 할 일들 옆에 간단하게 적으면 된다. 그리고 아이가 부모의 잔소리 없이 실천하도록 내버려 두는 것이 좋다.

하지만 많은 아이들이 그럴듯한 계획을 세우고도 제대로 실천하지 못하기 때문에 부모가 최종 점검을 해주어야 한다. 매일 정해진 시간에 그날의 계획이 잘 실천되었는지 확인하고 제대로 안 된 부분은 다시 하도록 해야 한다. 이때 "제대로"의 기준이 중요하다. 미리 아이에게 어느 정도의 선을 기준으로 할지 알려 주고, 그 기준을 통과하지 못하면 공부를 반복하거나 더 하게 될 수 있음도 알려 주어야 한다.

과제의 성격에 따라 기준은 다양할 수 있다. 글씨를 기준으로 할 수도 있고, 분량이나 맞힌 개수를 기준으로 할 수도 있다. 글씨를 기준으로 할 경우 아이가 쓴 공책 중 글씨가 양호한 한 페이지를 정해서 그것을 기준으로 삼는 것이 좋다. "앞으로 공책이나 문제집의 글씨는 이 정도로 반듯해야 해. 이것보다 못 쓴 글씨는 지우고 다시 쓰게 할 거야."하며 기준을 알려 주는 것이다. 이때 처음부터 너무 완벽하게 잘 쓴 페이지를 기준으로 삼기보다는 평소보다 조금 양호한 수준의 페이지를 기준으로 삼는 것이 더 좋다.

문제집을 풀거나 공부 후에 부모와 간단한 테스트를 하는 경우, 맞힌 개수의 기준은 전체 문항의 80% 정도가 적당하다. 문제집을 풀어야 한다면, 채점했을 때 80점 이상 받아야 공부를 제대로 한 것으로 인정한다거나, 영어 공부가 끝난 후 단어 테스트를 했을 때 10문제 중 8문제 이상 맞히지 못하면, 단어 암기를 계속해야 한다는 등의 기준과 원칙을 미리 알려 주면 아이는 공부를 하면서도 그 기준에 맞추어 자신의 이해도나 완성도를 점검하고 공부에 몰두하는 정도를 조절하는 능력을 학습하게 된다. 이때도 100점 만점을 받아야 한다거나 하나도 틀려서는 안 된다와 같은 과도하게 높은 기준보다는 아이가 성취감을 느끼며 자리에서 홀가분하게 일어날 수 있게 하는 정도의 기준이 더 좋다.

자기 조절 능력은 현재 자신의 상태에 대한 관찰과 평가를 통해 높아진다. 자신의 현 상태를 제대로 파악할 수 있어야 그것에 맞추어 과제의 양이나 속도를 조절하기도 하고, 때로는 목표를 수정하여 성공 경험을 늘릴 수 있기 때문이다.

1, 2단계를 통해 무엇을, 어떤 방법으로, 언제 할지를 결정한 후에는 실제 자신의 행동을 모니터링 하면서 자기를 조절하게 된다. 자기 조절 능력이 높은 사람은 책을 읽어야 할 시간에 TV 앞에 앉아 있는 자신을 깨닫는 순간 '아차! 내가 이러고 있을 때가 아니지. 이러다간 오늘 할 일을 다 못 끝내겠네.' 하며 TV를 끄고 책을 잡으며, 책을 읽으면서도 '이 속도로 읽다간 오늘 계획한 분량만큼 읽지 못하겠네. 늦게 자면 엄마한테 혼날테니 오늘은 세 페이지만 더 읽고 나머지는 내일 더 읽어야겠다.' 하며 목표를 수정하거나 '이 속도로 읽다간 오늘 계획한 분량만큼 읽지 못하겠네. 중간에 딴 생각을 너무 자주 한 것 같아. 이제부터라도 집중해서

읽어야겠다.' 하며 자신의 행동을 조절하게 된다.

이렇게 자기 모니터링을 통해 자기 조절을 잘하는 아이의 경우 아이가 무언가에 빠져 있을 때 중간에 방해를 하거나, 자기 계획대로 움직이고 있는데 다른 걸 먼저 하라고 간섭을 하지 않아야 한다. 스스로 선택하고 조절하여 완수하는 과정을 지켜보기만 하면 된다.

하지만 자기 조절 능력이 부족한 아이들은 자기 모습을 모니터링 하는 것 자체를 어려워한다. 평소 자신의 행동을 관찰하고 평가하는 것을 자주 하지 않았기 때문에 자신의 행동에 대한 자각 능력이 떨어진다. 그래서 이런 아이들은 "어제 저녁에 뭐 했어?" 하고 물어 보면, 대답을 잘 못한다. 자기 모니터링을 잘하는 아이는 "학교 숙제가 좀 많았어요. 국어 숙제 하다가 저녁 먹고, 그리고 잠깐 TV 봤어요. TV 보면서도 계속 남아 있는 숙제가 신경 쓰여서 재미가 없게 느껴지더라구요." 하며 구체적으로 대답을 하는 반면, 자기 모니터링을 잘 못하는 아이는 "어제 저녁에요? 별 다른 것 없었는데요. 아~ 숙제했어요. 힘들어 죽는 줄 알았어요." 하며 두루뭉술하게 대답한다. 재차 질문을 하면 조금 더 구체적인 수준의 대답이 나오지만, 가까운 과거라 할지라도 자신의 행동은 물론 생각이나 기분까지 기억하기 힘들어 한다.

자기 모니터링 능력을 키워주기 위해서는 평소 아이 스스로 자신의 행동을 관찰하도록 유도하는 말을 자주 하는 것이 좋다. "계획대로 잘 하고 있는지 스스로 점검을 하면서 하고 있지?", "많이 했어? 지금처럼 하면 예정된 시간에 끝낼 수 있을 것 같아?", "지금 네가 무엇을 하고 있는지, 어떻게 하고 있는지 관찰하면서 하면 집중력이 높아진다고 하던데, 너는 어때? 너도 그런 생각을 하면서 공부하면 집중이 더 잘 되니?", "너무 서두르다가 중요한 부분을 놓치고 있는 것은 아닌지 점검하면서 하고 있어? 점검을 마지막에 한꺼번에 하는 것보다 중간 중간에 하는 것이 더 좋아." 같은 말을 통해서 자기 모니터링의 중요성도 알려 주고 그 말을 듣는 순간 자기 점검을 할 수 있게 하는 것이다.

또 평소 아이의 행동을 보이는 대로 읽어 주는 것도 도움이 된다. "엄청 즐겁게 하고 있구나. 얼굴에서 웃음이 떠나질 않는다.", "다리를 심하게 흔드네. 평소보다 다리를 더 흔드는 이유가 있니?", "혹시 집중이 잘 안 되니? 책만 펼쳐 놓고 딴 생각을 하는 것처럼 보이네." 같이 부모 눈에 관찰되는 아이의 행동에 대해 언급함으로써 아이도 자신의 모습을 보게 하는 것이다.

이때 중요한 것은 지적하거나 비난하는 태도가 아니라 제 3의 관찰자가 있는 그대로 비추어 주는 것처럼 객관적인 태도로 언급해야 한다는 것이다. "뭐가 좋다고 그렇게 웃고 다니니? 실없어 보이게.", "다리 좀 그만 흔들어. 정신 사납잖아.", "왜 아까랑 같은 페이지야? 집중해서 제대로 안 할래?"처럼 아이의 행동을 읽어 주면, 아이는 자기 모습을 보려 하지 않는다. "내가 언제 그랬다고 그래?", "왜 나만 가지고 그래?", "내가 알아서 한다고!" 하면서 부모에게 반발하며, 도리어 화를 내게 된다.

누구나 지적을 받는 상황에서는 자기 모습을 있는 그대로 들여다보려 하지 않는다. 오히려 감추고 방어하며 상대를 비난하게 된다. 그러니 아이에게 자기 모습을 들여다보게 하고 스스로 평가하여 목표에 부합하는 행동을 하게 만들려면, 부모는 거울처럼 비추어만 주어야지 부모가 정한 일방적인 기준으로 지적이나 비난을 해서는 안 된다.

자기 조절 능력을 통해 성공을 이끌기 위해서는 수행 후 마무리 단계에서 과제의 완성도와 자신의 상태를 점검하는 습관이 필요하다. 마무리 단계에서 최종 점검을 얼마나, 어떻게 하느냐는 현재 수행한 과제의 완성도에도 영향을 미치지만 연속되는 다른 과제에도 영향을 미친다.

수행 후 점검에서 우선시해야 할 것은 빠뜨리거나 실수한 것이 없는지, 보다 완벽한 상태를 위해 더 해야 할 것이 없는지를 확인하는 것이다. 책을 덮고 자리에서 일어나기 전 맞춤법이나 계산 착오와 같은 작은 실수를 찬찬히 살펴보는 습관은 실제 평가 장면에서의 큰 실패를 막을 수 있기 때문이다. 때문에 "혹시 실수한 게 없는지 한번 살펴보고 책을 덮으면 어떨까?", "빠뜨린 것은 없는지 모르겠네? 점검해 봤니?"와 같은 질문을 통해 맞춤법 실수는 없는지, 밀려 쓴 것은 없는지, 옮겨 쓰면서 다르게 쓴 것은 없는지 등을 점검하는 습관을 만들어 줄 필요가 있다.

처음에 자신이 계획이나 목표했던 것과 현재의 상태가 어느 정도 일

치하는지, 즉 계획이나 목표한 만큼 제대로 수행했는지를 확인하는 것
도 중요하다. 오늘 계획한 만큼 공부를 했는지, 목표한 시험 점수를 받
았는지 등을 확인하면서 계획이나 목표 달성을 한 경우에는 성공 요인
이 무엇인지, 그렇지 못한 경우에는 실패 요인이 무엇인지를 생각하여
성공 혹은 실패 요인을 찾아내는 것이다. 이렇게 발견한 성공 및 실패
요인은 다음에 다시 계획을 세우거나 목표를 설정할 때 중요한 근거가
된다. 성공에 영향을 미친 것으로 판단되는 것은 더 하고, 실패에 영향
을 미쳤다고 판단되는 것은 덜 하는 방향으로 다음 계획을 세우면 성공
의 가능성이 높아진다. 만약 실패의 이유가 의욕만 앞서 지나치게 빡빡
하게 계획을 세웠거나 현실적이지 못한 목표 때문이었다면, 다음번에는
자신의 상태에 더 적합한 계획이나 목표를 만들 수 있고, 그만큼 성공
경험을 늘릴 수 있다.

또 과제의 마무리 단계에서 자신의 상태를 확인하는 것도 매우 중요
하다. 성공 가능성을 높이기 위해서는 명확하게 이해가 되는 부분과 그
렇지 않은 부분, 완벽하게 암기가 된 부분과 그렇지 않은 부분, 혼자 힘
으로 맞힌 문제와 힌트나 해답지를 보고 겨우 맞힌 문제 등을 구분하여
자신이 제대로 아는 부분과 어설프게 아는 부분의 차이를 정확하게 판
단할 수 있어야 한다. 그래야 다음번에 어느 부분을 더 보완하여 노력해
야 하는지를 알고 부족한 부분에서의 성장을 이끌 수 있다.

자신의 상태를 확인하게 하기 위해서는 아이가 책을 덮고 다른 활동
을 시작하기 전에 잠깐 책상 옆으로 가서 공부한 것을 한번 얘기하도록

할 수도 있고 연습장에 요약해 보도록 지도할 수도 있다. "공부한 내용을 엄마한테 한번 설명해 줄래?", "오늘 공부한 것 중에서 가장 중요한 것은 무엇이니?" 등의 질문도 도움이 된다. 단, 이때도 아이가 스스로 자신의 상태를 보고 부족한 부분을 인식하게 하기 위해서는 부모가 너무 많은 것을 앞서서 제시하거나 부족한 부분이 많아도 절대 화를 내거나 야단을 쳐서는 안 된다. 하나라도 더 알게 하기 위해 질문하는 것이 아니라, 자신의 상태를 알게 하기 위해 질문하는 것을 마음에 새기며, 한발짝 옆으로 물러나 아이를 쳐다볼 수 있어야 한다.

5단계 : 자기 강화
- 스스로에 대한 칭찬과 격려

자기 조절 능력이 높은 사람은 자기 자신에게 칭찬과 격려를 잘한다. 남들이 자신에게 칭찬해 주기만을 기다리는 것이 아니라, 스스로 열심히 노력한 자신에게 칭찬하며 보상도 한다. 숙제를 끝낸 후에 뿌듯한 미소를 지으며 '역시 나는 훌륭해' 하며 속말을 하는 것, 열심히 공부를 한 후 스스로에게 TV 볼 시간을 주는 것, 시험 성적이 올랐을 때 친구들과 함께 떡볶이를 먹는 것 등이 스스로에게 줄 수 있는 보상이다. 이런 크고 작은 보상을 통해 성취감과 만족감을 느끼며 다시 노력하고 도전할 힘을 얻는 것이다.

결과가 만족스럽지 못할 때도 스스로에게 격려를 하며 에너지를 충전한다. '괜찮아, 다음번에 더 노력하면 좋은 결과를 얻을 수 있을 거야. 이번에 무엇을 다르게 했었으면 결과가 달라졌을까?'를 생각하며, 다음을 기약하게 된다. 혼란과 좌절을 겪지 않는 것은 아니지만, 스스로를 격려하며 다시 일어설 수 있다.

아이가 이렇게 스스로를 칭찬하고 격려하게 하기 위해서는 부모가 먼저 아이를 칭찬하고 격려하는 모습을 보여 주어야 한다. 특히 뒤에 나오는 올바른 칭찬법을 참고로, 아이에게 자주 칭찬하면, 아이는 부모의 얼굴 표정과 목소리를 칭찬 내용과 함께 저장하여 부모가 없는 상황에서도 꺼내어 스스로에게 적용할 수 있게 된다. 또 부모 스스로도 자신에게 보다 많이 칭찬하고 격려하는 모습을 보여 주는 것이 좋다. 잘했을 때 마음껏 뽐낼 수 있고, 못했을 때 기죽지 않는 당당하고 자신감 넘치는 부모의 모습은 아이들에게 좋은 모델이 된다. 단, 타고난 능력이나 외부의 힘이 아니라 스스로 노력해서 얻은 성공을 더욱 값지게 여기고 강조해야 하는 원칙은 여기서도 똑같이 적용되어야 한다.

TIP

자기 조절 능력을 높이기 위한 단계별 질문 예시

1단계 : 자신의 상태에 맞는 목표를 정하고, 해야 할 것을 정하도록 한다.

"오늘 책을 몇 권이나 읽을 수 있을까? 읽을 책을 미리 꺼내 볼까?"

"오늘 꼭 해야 하는 일은 무엇일까?"

"이번 시험 목표는 몇 점이야? 지난번 성적보다 조금 높은 점수를 목표로 하면 어떨까?"

2단계 : 목표 달성을 위한 계획을 세우고 전략을 만든다.

"오늘 세 권의 책을 읽으려면, 한 권을 몇 분 안에 다 읽어야 할까?"

"오늘 꼭 해야 하는 일들을 모두 끝내려면 시간이 얼마나 필요할까? 어떤 걸 먼저 하는 것이 가장 좋을까?"

"이번 시험에서 그 점수를 받으려면, 어떻게 공부를 해야할까? 시험까지 며칠이나 남았지?"

3단계 : 자신의 상태를 모니터링하며, 재정비한다.

"한 권을 다 읽었구나. 시간이 얼마나 걸렸니? 같은 속도로 계속 읽어도 나머지 두 권을 오늘 다 읽을 수 있을까?"

"이제 샤워만 하면 되겠구나. 다른 해야 할 일들을 빨리 끝낸 덕분에 오늘은 시간 여유가 있어서 좋다."

"교과서 요약과 암기를 다 했구나. 그럼 이제 문제집을 풀어야 할 텐데, 이제 시험까지 며칠이나 남았지?"

4단계 : 수행의 성과를 확인하고 마무리한다.

"책을 다 읽었구나. 오늘 읽은 책 중에 가장 재미있었던 책은 뭐야? 어느 부분이 가장 기억에 남니?"

"오늘의 할 일 중에 빠뜨린 것은 없니? 계획보다 시간이 많이 걸렸던 것은 없었어?"

"다시 외우고 확인해야 하는 부분은 어디일까? 시험에 꼭 나올 것 같은 문제는 무엇이야? 시험 전날 다시 공부해야 하는 부분은 어디일까?"

5단계 : 칭찬과 격려로 보상하고, 또 다른 1단계의 토대를 마련한다.

"처음엔 세 권의 책을 모두 읽을 수 있을 줄 알았는데, 생각보다 시간이 많이 걸렸구나. 두 권이라도 차분히 읽은 건 잘한 거야. 그런데 나머지 한 권은 언제 읽으면 좋을까?"

"오늘 할 일을 모두 다 끝냈는데, 아직 시간이 많이 남았네. 이젠 마음 편하게 하고 싶은 것 하면서 놀아. 자유시간이야."

"성적이 오르긴 했지만, 목표만큼은 아니라서 조금 실망스럽지? 그래도 엄마는 네가 열심히 하는 모습을 봐서 뿌듯하고 대견했어. 오늘은 푹 쉬어. 그리고 찬찬히 다음번 시험 준비 때는 무엇을 더 보완하면 좋을지 생각해 보면 좋겠다."

04

선택과 책임 가르치기

아이가 스스로에 대해 뿌듯함을 느끼고 자랑스러워하게 하려면 스스로 선택한 것에서 성취감을 느낄 수 있게 해야 한다. 똑같은 성공이라도 부모에 의해 만들어진 성공은 자기 힘으로 만든 성공에 비해 자존감을 높이는데 효과가 없다. 때문에 자존감을 높이기 위해서는 스스로 선택한 것에 책임감을 가지고 최선의 노력을 다하는 과정에서 성취감을 맛보도록 도와야 한다.

아이를 키우다 보면 '내가 왜 이렇게 아이 때문에 고통을 당해야 하지?' 하는 생각에 빠질 때가 종종 있다. 아이는 별 고민 없이 살고 있는데 부모만 종종거리고 애가 타기도 한다. 대부분 아이가 짊어져야 할 책임과 의무를 부모가 대신 지고 있기 때문이다. 아이가 너무 어리고 약해 보이거나 세상이 너무 험해 보일 때 부모들은 기꺼이 아이 대신 자신이 나서서 아이의 책임을 가져오려 한다.

아이가 아주 어릴 때는 이런 양육자로서의 부모 역할이 필요하지만 아이가 자랄수록 부모는 아이에게 점점 더 많은 책임감을 요구해야 한다. 그러기 위해서는 아이가 선택하고 책임지는 상황을 늘여야 한다. 아이가 숙제를 안 해가면 선생님께 야단을 맞게 되고 그러면 친구들도 아이를 무시해서 왕따가 될 거라는 앞선 걱정에 아이 숙제 걱정을 엄마가 더 많이 하게 되면 아이는 자신이 해야 할 당연한 행동에서 조차도 책임감을 느끼지 못하게 된다. 그만큼 성공의 기회가 줄어들고, 성공을 하더라도 자신이 결정하고 노력해서 이룬 성공이 아니라고 생각하기 때문에 자존감이 높아지지 않게 되는 것이다. 그러니 자존감을 높이기 위해서는 아이가 스스로 판단해서 선택할 수 있는 것을 늘이고, 그 선택에 따른 책임도 지워야 한다.

생각과 의견 물어보기

아이에게 선택권을 주기 위해서는 평소 아이의 생각과 의견을 자주 물어 보아야 한다. 저녁에 먹고 싶은 것이나 주말에 하고 싶은 것, 오늘 입고 싶은 옷 등 일상생활에서 사소하게 선택해야 하는 상황마다 아이에게 "네 생각은 어떠니?", "넌 뭐가 더 좋을 것 같아?" 하며 질문하는 것이다. 또 아이에게 특히 더 중요한 결정, 예를 들어 학원을 다니는 것이 나을지 혼자 공부하는 것이 나을지, 생일에 친구를 몇 명이나 초대할지 등을 결정할 때는 아이에게 미리 질문을 하고 생각할 시간을 충분히 준 후에 결정하도록 하는 것이 좋다. 이러한 질문은 아이에게 생각하고 선택할 기회를 주면서 동시에 책임감도 느끼게 한다.

이때 주의해야 할 것은 엄마가 이미 결정을 내리거나 바라는 바를 분명히 가지고 있으면서 아이에게는 형식적으로 질문만 해서는 안 된다는 것이다. "일요일에는 친구들이랑 축구할 거야." 하는 아이에게 "그럼 밀린 학습지는 언제 할 거야? 넌 왜 맨날 놀 생각만 하니?" 하고 비난하지 않아야 한다. "그래. 일요일에 축구하면 신나겠다. 그런데 일요일날 마음껏 축구를 하려면 그 전에 끝내놔야 하는 것들이 좀 있지 않나? 학습지 선생님이 오시는 요일이 언제지?"하고 축구하고 싶은 아이의 마음을 읽어 준 후에 바라는 것을 얻기 위해 책임져야 하는 것이 무엇인지를 생각하도록 이끌어야 한다. "학교 숙제는 토요일날 미리 해 놓으면 되고, 학습지는 밀리지 않게 할게. 아차! 엊그제부터 밀린 건 오늘 다 끝내야겠다." 하는 말이 아이의 입을 통해 나오도록 유도하는 것이다.

아이에게 선택을 하도록 할 때는 한 가지를 할지 안 할지 보다는 여러 가지 중에서 하나를 선택하도록 하는 것이 좋다. "미술 배우고 싶니? 안 배우고 싶니?" 보다는 "미술 배우고 싶니? 피아노 배우고 싶니? 아님 다른 거 배우고 싶은 게 있니?"가 낫다는 것이다.

"영어 학원을 계속 다니는 것이 좋을까? 집에서 매일 영어 CD 듣고 영어 동화책 한 권씩 읽는 것으로 공부 방법을 바꾸는 것이 좋을까?" 같은 보다 심각한 선택 상황에서는 지금 그 결정을 해야 하는 이유나 배경을 차분히 설명해 주고 하루나 이틀 생각할 시간을 갖고 신중하게 선택하도록 하는 것이 좋다.

"엄마가 시키는 대로 할게요.", "몰라. 난 모르겠어."하는 아이의 태도에 답답함을 느끼거나 화를 내지 말고 "그럼 하루 더 생각해 보자. 엄마도 곰곰이 생각해 보겠지만 이건 네 공부에 관한 문제니까 네 결정이 중요한 거야. 내일까지 더 생각해보고 네 생각을 말해줘."하고 기다려 준다. 이렇게 선택한 것을 할 때 아이는 더 많은 책임감을 갖고 열심히 하게 된다.

다양한 역할 주기

공부 이외의 영역에서도 아이에게 역할을 주고 성취감을 느낄 수 있게 하는 것이 필요하다. 많은 부모들이 치열한 경쟁 사회에서 살아남으려면 어릴 때부터 공부를 잡아야 한다며, 아이에게 공부 이외의 다른 것을 못하게 한다. "너는 이런 거 신경 쓰지 말고 공부나 열심히 해.", "누가 너한테 이런 거 하랬니? 이 시간에 공부나 해. 그게 엄마 돕는 거야." 하며 다른 역할을 주지 않는 것이다. 또 어차피 뭘 시켜도 흡족하게 못하니 차라리 부모가 하는 것이 낫다는 심정 때문에 아이가 충분히 할 수 있는 일도 부모가 도맡아 하며 아이로 하여금 책임있게 무언가를 하고 뿌듯함을 느낄 기회를 빼앗게 된다.

초등학생 아이들은 선생님의 심부름을 매우 좋아한다. "이것 좀 2학년 2반 선생님께 전해드리고 올래?"하고 선생님이 심부름을 시키면, 매우 신이 나서 움직인다. 왜냐하면 선생님이 자신을 믿고 중요한 일을 맡겼다고 생각하기 때문이다. 이런 심부름을 계기로 아이는 스스로를 더 믿음직한 사람으로 만들려고 노력하게 된다.

가정에서도 아이에게 자신이 해야 할 역할을 주고 그것을 잘 수행할 때마다 칭찬을 통해 성취감을 느끼게 하면 책임감을 길러줄 수 있다. 침대 정리하기, 화분에 물주기, 동생에게 책 읽어 주기 등 아이에게 맡길 수 있는 역할은 다양하다. 아이의 나이와 능력을 고려해서 할 수 있는 것들을 하나씩 아이에게 책임지게 할 수 있다.

엄마 혼자 식사 준비를 하고 텔레비전이나 책상 앞에 앉아 있는 아이에게 "얼른 와서 밥 먹어."하고 소리치는 것보다는 '식탁에 수저 놓기', '반찬 꺼내기' 같은 역할을 주는 것이 낫다. 밥을 먹는 동안에도 엄마가 알아서 아이에게 필요한 물과 반찬을 챙겨주는 것이 아니라 "아빠한테 물 좀 따라 드릴래?", "동생한테 김치가 조금 먼 것 같다. 김치 그릇을 동생 가까이에 놓아주면 어떨까?" 하며 아이에게 도움을 청하는 것이 좋다.

이때 중요한 것은 이러한 아이의 행동을 당연시하고 넘어가지 않고 반드시 고마움과 대견함을 표현해야 한다는 것이다. "현수가 수저를 챙겨주니까 저녁 준비가 더 빨라져서 좋다. 고마워.", "역시 종현이 팔이 기니까 반찬 그릇도 옮겨 줄 수 있고 좋네. 요즘 키가 조금씩 더 자라는 것 같아." 하며 칭찬을 하면 아이는 자신에 대해 뿌듯한 마음을 갖게 되고 성취감도 느낄 수 있다.

아이가 어설프게 행동하다 오히려 엄마에게 일거리를 넘기는 경우에도 아이를 야단치기보다는 아이에게 책임을 지우는 것이 낫다. 잼 뚜껑을 자기 힘으로 열려고 애쓰다가 바닥에 떨어뜨려 통째 깨뜨린 경우에

"그러게 엄마한테 열어달라고 하지. 왜 하지도 못할 걸 하겠다고 야단이니. 니 힘으로 이게 되니? 넌 가만 보면 엄마 귀찮게 하려고 온종일 궁리하는 애 같아."하여 아이 기를 죽이거나, "위험해! 얼른 나와, 엄마가 치울게."하며 아이를 자신이 책임져야 할 상황으로부터 구출해 주는 것은 좋지 않다.

이런 상황에서 아이에게 책임감을 길러주기 위해서는 위험한 유리 조각은 엄마가 치우더라도 바닥으로 튄 잼은 아이에게 닦게 할 수 있다. "유리는 엄마가 치울게, 너는 잼을 닦아. 작은 유리 조각이 남아 있을 수 있으니까 조심해. 거기 있는 슬리퍼 신고 들어와서 조심해서 바닥에 튄 잼을 닦아야겠다. 거기 벽에 튄 것까지 깨끗이 닦아."하면서 아이가 할 수 있는 일을 주고 자신의 행동에 대한 책임을 지게 하는 것이다. 그러면 아이는 다음번에 잼 뚜껑을 열 때 자기가 감당할 수 있는 일인지 아닌지를 판단해서 더 신중하게 행동하게 된다. 어설퍼 보이는 아이에게도 하나씩 역할을 주고 책임질 수 있는 상황을 자연스럽게 자주 만들어 주면 아이의 어설픔이 조금씩 완벽함으로 변화할 수 있게 된다.

자기 실수에 대해 책임 지우기

책임감을 기르기 위해서는 자신의 실수나 실패로 인한 상황에 대해서도 책임지도록 해야 한다. 예를 들어 아이가 값비싼 물건을 잃어버리거나 망가뜨린 경우, 그냥 야단만 치고 넘어가지 않고 그 물건 값의 일부를 아이가 책임지도록 하는 것이다. 그런데 이 경우도 아이에게 책임감을 가르치기 위해서는 아이의 이야기를 먼저 들어야 한다.

아이가 물건을 잃어버렸을 때는 먼저 어떻게 하다 물건을 잃어버렸는지에 대한 이야기를 차분히 들어야 한다. 이때의 듣기는 사건의 경위를 조목조목 알기 위해서라기보다는 아이가 물건을 잃어버린 것에 자신이 기여한 바가 있다는 것을 확인시키기 위한 것이다. 그러니까 아이의 변명보다는 있었던 일에 대해서만 간단히 듣고 정리해 주어야 한다. "점심시간 까지는 분명 가지고 있었는데 그 후에는 어디다 뒀는지 기억이 안 난다는 거구나. 급식실로 가봐도 찾을 수가 없었고, 봤다는 친구들도 없고." 하면 된다.

아이들이 당황해서 하는 "주현이가 자꾸 빨리 가자고 하는 바람에.", "나도 조심하려고 했는데 어쩔 수가 없었어요."하는 변명에는 "알았어"하고 단호하게 대꾸해 주면 된다. "그러게 누가 학교에 비싼 물건을 들고 가랬어?", "이번이 도대체 몇 번째야? 정신 좀 차리고 다니라고 했잖아!" 하고 화를 내지 않아야 한다.

물건을 잃어버리게 된 상황을 부모가 이해한 후에는 지금의 문제를 어떻게 해결하는 것이 좋을지 아이의 의견을 듣는다. 자신으로 인해 일어난 안 좋은 일에 대한 책임을 아이가 느끼도록 하기 위한 것이다. 풀죽어 있는 아이를 가엾게 여겨 "괜찮아. 이왕 잃어버린 거 어떻게 하겠어." 하고 덮어버리면 아이는 물건의 소중함과 책임감을 배우지 못한다. 아이를 벌주기 위해 "네가 잃어버렸으니까 네가 알아서 해. 난 몰라."하면 부모에 대한 불만이 커진다. "엄마도 예전에 차 열쇠 잃어버렸었잖아. 지난번에 지훈이가 노트북 망가뜨렸을 때는 그냥 넘어가더니 왜 나한테만 야단을 쳐."하면서 반발심을 갖게 된다.

대신 차분하게 "그 물건은 앞으로도 계속 써야 하는 물건인데 잃어버렸으니 앞으로 불편한 일이 많을 거야. 어떻게 하면 좋을까?"하고 아이의 의견을 묻는다. 이때는 아이도 어쩔 수 없었던 상황임을 인정하면서도 아이의 실수로 인해 생긴 일이므로 아이에게 책임이 있음을 강조해야 한다.

이런 상황에서 아이는 나름대로 방법을 생각할 것이다. 아이의 의견이 터무니없어도 가능한 아이의 생각을 막지 말고 의견을 들어 주는 것이 좋다. 하지만 이때 선택하는 방법에는 반드시 아이의 불편이나 손해를 포함해야 한다. 부모가 적극적으로 나서서 해결해 주거나 흐지부지 없었던 일처럼 되지 않도록 해야 한다.

예를 들어 당분간은 잃어버린 물건 없이 지내지만 아이 용돈의 절반을 조금씩 저축해서 그것을 다시 사는데 보태도록 하거나 미리 그 물건을 사되 6개월 간 용돈을 줄이는 것이다. 혹은 아이에게 거실 청소나 쓰레기 분리수거 같은 집안일의 일부를 맡기고 그 노동의 대가를 돈으로 환산해서 잃어버린 물건을 사는데 보태도록 할 수도 있다. 이때 잔소리나 설교를 길게 늘어놓는 것은 좋지 않다. 대신 아이 스스로 자신이 물건을 소중하게 다루지 않았기 때문에 불편과 손해를 감수해야 하는 상황을 경험하도록 하면 된다.

주의해야 할 것은 아이의 실수를 아빠나 다른 가족이 모르게 해결하려고 하지 않아야 한다는 것이다. 이럴 때 아이는 불필요한 죄책감과 수치심을 느끼게 된다. 혹은 자신이 저지른 실수에 대해 엄마가 대신 책임져 주는 느낌이 들어 오히려 자신의 책임감을 덜 느끼게 된다. 아이의 실수에 대해 누구나 할 수 있는 실수임을 인정하고 문제를 해결하기 위한 과정에 동참시키는 것이 필요하다.

꿈이 크면 자존감은 떨어진다

우리는 어려서부터 큰 꿈을 갖는 것이 바람직하다는 분위기 속에서 자랐다. "꿈을 크게 가져라.", "원대한 목표를 가져라." 이런 이야기를 들으며 꿈이 없거나 꿈이 소박한 사람은 문제가 있거나 자신감이 부족한 사람이라는 인식을 갖게 되었다.

정말 꿈이 크면 성공의 가능성도 커지는 걸까?

꿈이 크면 더 행복할까?

꿈이 큰 사람은 자존감도 높을까?

자존감은 현재의 자기에 대한 지각(perceived self)과 이상적인 자기

(ideal self) 간의 차이에 근거해서 만들어진다. '현재 내가 얼마나 괜찮은 사람인가?'와 '내가 이상적으로 생각하는 괜찮은 사람이란 어떤 사람인가?'에 의해 자기에 대한 평가가 달라지는 것이다. 자존감이 높은 사람은 현재의 자신에 대한 평가가 후하거나, 이상적으로 생각하는 자신에 대한 기대가 낮은 사람이다.

자존감을 높이려면 크게 두 가지 접근법을 취할 수 있다. 하나는 성공 경험을 늘려 현재의 자기에 대한 평가 점수를 높게 만드는 것이고, 다른 하나는 이상시하는 자기에 대한 기대를 낮추는 것이다. 현재 아무리 많은 성공을 해도(분자) 이상적 자기에 대한 기대가 너무 높으면(분모) 자존감 점수는 올라갈 수 없고, 기대가 아무리 낮아도(분모) 현실에서의 성공이 충분하지 않으면(분자) 자존감은 낮아진다. 자존감을 높이는 가장 좋은 방법은 현재의 성공을 늘리고(분자) 기대를 낮추는(분모) 것이다. 만일 현재의 성공을 늘릴 수 없다면, 이상적인 자신에 대한 기대를 낮추는 것을 통해 높은 자존감을 유지할 수 있다.

이것은 행복해지기 위한 방법과도 일치한다. 행복하기 위해서는 행복을 위한 노력을 더 하는 것과 행복의 기준을 낮추는 것 모두 가능하다. 아무리 큰 성공을 거두어도 행복하지 못한 것은 성공이 부족해서가 아니라 성공에 대한 기준이 너무 높기 때문이다. 행복한 사람은 성공을 많이 했기 때문에 행복한 것이 아니고 이만하면 성공했다고 믿기 때문에 행복한 것이다.

$$\text{자존감} \ = \ \frac{\text{현재의 자기에 대한 평가}}{\text{이상적 자기에 대한 기대}}$$

만일 내가 기대하는 나, 이상시하는 내가 '매력적인 외모의 성공한 사업가, 연봉 10억에 자산 100억 정도의 재력을 가지고 있고, 가족과 친구, 직원 등 모든 사람들로부터 사랑과 존경을 받는 사람'이라면, 현재 나의 모습이 어떠하든, 나의 자존감은 낮을 수 밖에 없다. 분모 값이 너무 크기 때문에 분자 값이 아무리 커도 높은 자존감 점수가 나올 수 없는 것이다.

반면, 내가 이상시하는 내가 '외모는 그럭저럭 못 생겼다는 말을 듣지 않을 정도면 되고, 아무에게도 방해받지 않을 나만의 작은 공간을 가지고 있고, 약간 사치스러운 취미 생활도 할 수 있는 정도의 수입이 있으며, 가족과 친구 몇몇으로부터 좋은 사람이라는 평을 들을 수 있는 사람'이라면 나의 자존감은 그다지 낮지 않을 것이다. 오히려 높을 가능성이 더 크다. 분모 값이 작기 때문에 분자 값이 크지 않아도 높은 자존감 점수가 나오기 때문이다.

그러니 아이의 자존감을 높여 주려면 아이가 과도하게 큰 목표를 잡지 않도록 해야 한다. 일단 목표를 크게 잡고 시작하면 중간은 갈 것이라며 "Boys! Be Ambitious."를 책상 앞에 붙이게 하기 보다는 자신의 현 상태를 근거로 현실적인 목표를 정하도록 도와야 한다.

아이가 현실적인 목표를 잡게 하기 위해서는 부모부터가 목표를 현실적으로 잡을 필요가 있다. 아이들은 부모가 정한 성공의 기준을 자신의 것으로 받아들이기 때문이다.

아이가 유치원 다닐 때는 모든 부모가 '우리 아이는 서울대에 갈 거야.'라고 기대하고, 아이가 초등학생이 되면 '우리 아이는 SKY 대학은 갈 거야.'라고 기대하고, 아이가 중학생이 되면 '그래도 인서울(in Seoul, 서울 소재 대학)은 하겠지?' 하다가, 아이가 고등학생이 되면 '대학은 갈 수 있을까?' 하게 된다는 우스갯소리가 있다. 부모들 사이에서 자녀에 대한 높은 기대가 어떻게 끝을 맺는지 자조할 때 흔히 하는 말이다.

아이에게 높은 기대를 하는 부모들 중에는 실제로 사회적 성공을 이룬 부모들이 많다. '내가 이만큼 성공했는데, 내 자식은 나보다 더 성공하는 게 당연하지!', '내가 이렇게 대단한 사람인데, 내 자식이 이 정도도 못해?', '우리 부부 모두가 명문대를 나왔는데, 우리 아이가 공부를 못한다는 건 말이 안 되지.' 하는 마음이 강하게 자리 잡고 있기 때문에 이들은 자녀에게 높은 기준을 제시하고 기준에 도달하지 못하면 의식적 혹은 무의식적으로 자녀를 거부하고 비난하게 된다. 이들의 아이는 부모로부터 자신의 가치와 능력 모두를 존중받지 못하기 때문에 스스로 자신의 가치를 낮게 평가하게 된다. 성공한 부모의 높은 기준은 아이들에게 끊임없는 좌절을 경험시킨다. 겨우 부모의 기준에 도달했다 싶으면 부모는 그것을 당연시하며 더 높은 기준을 제시하기 때문이다. 이런 경우 아이들은 자신은 어떻게 해도 부모의 기대를 충족시킬 수 없다고 믿게 되어 무기력해지게 된다.

그래도 목표가 크고 높은 아이들이 더 성공하지 않을까?

사람들에게 다음의 과제 중 하나를 선택하라고 했다.

❶ 너무 쉬워 누구나 성공할 수 있지만 보상이 매우 적은 과제

❷ 노력하면 성공할 수 있지만 보상은 중간 정도인 과제

❸ 성공이 어렵지만 성공하면 가장 큰 보상을 얻을 수 있는 과제

자존감이 높은 사람은 몇 번을 선택할까? 3번을 선택할 것 같지만, 사실은 2번을 선택했다. 오히려 자존감이 낮은 사람이 3번을 더 많이 선택했다. 왜냐하면 3번은 어차피 성공이 어려운 과제라는 것이 명백하기 때문에 실패를 하더라도 '내가 못나서 실패한 것이 아니라 누구나 실패할 수밖에 없는 어려운 과제였다.'는 핑계를 댈 수 있기 때문이다.

자존감이 낮은 사람은 또한 1번처럼 보상이 적더라도 실패 가능성이 적은 과제도 선호한다. 그렇지 않아도 무능하게 느껴지는 자신에게 덜 상처주는 방법으로 실패의 가능성이 가장 적은 과제를 선택하는 것이다. 이들은 상처를 덜 받는 대신 성공을 통한 기쁨도 크게 느끼지 못하기 때문에 자존감이 높아지지 않는 악순환을 겪게 된다.

그러니 아이가 "엄마 이번 시험의 목표는 1등이야."라고 할 때, "그래 일단 꿈은 크게 가져 봐. 엄마가 한 번 더 속아 줄게."하며 응원하기 보다는, "지난 번 성적이 어땠지? 엄마는 네가 꾸준히 노력하면 언젠가는 1등

을 할 수 있을 거라 믿지만, 이번 시험의 목표는 현실적으로 잡는 게 좋을 것 같아."하고 조언해 주는 것이 낫다. 부모는 '1등을 목표로 공부하면 적어도 2~3등은 하겠지' 기대하지만, 아이는 '1등이 아니면 2등이나 10등이나 뭐가 달라' 하며 공부를 게을리하는 자기 자신을 합리화하게 된다. 그러니 무조건 높은 목표가 아니라 현실성 있는 적당한 목표를 세우도록 도와야 한다.

성공과 실패의 원인을
다르게 분석하라

자신이 어떤 사람인지, 어느 정도의 가치가 있고, 어느 정도 능력 있는 사람인지를 판단하기 위해 우리는 나름 과학자처럼 다양한 가설을 세우고, 이를 확인하거나 반증하기 위한 자료를 수집한 다음, 검증을 통해 이론을 수정하는 과정을 거친다. 이렇게 만들어진 자기 자신에 대한 이론은 자신에 대한 개념을 만들며 다른 사람과 세상에 대한 시각을 만들어서, 자존감을 높이거나 낮추는데 영향을 미친다. 이렇게 개인이 나름의 이론으로 만든 자기 자신과 세상을 보는 틀을 학자마다 도식(skimma), 상(image), 지도(map) 등으로 다르게 이름 붙였지만, 이 틀을 토대로 모든 개인은 세상과 상호작용한다는 것에 동의한다.

심리학자 하이더(Heider)는 사람들이 특정 사건의 원인을 어디에서 찾는지를 연구하여 귀인이론을 만들었다. 귀인이론에 따르면, 과학자처럼 우리 모두 생활 속에서 일어난 여러 가지 일의 원인과 결과를 분석하면서 자신과 세상에 대한 개념을 형성하는데, 사람들은 그 원인을 대체로 자기 자신의 내적 노력이나 능력, 그리고 자기 밖에서 일어나는 운이나 과제 곤란도 등으로 설명하는 경향이 있다.

예를 들어 누군가 큰 돈을 벌었을 때 어떤 사람은 그 사람이 평소 얼마나 성실하게 살았으며 얼마나 알뜰했는지를 떠올리며 그 사람의 노력에서 원인을 찾고, 어떤 사람은 그 사람이 얼마나 유능한지, 남들보다 더 많은 돈을 벌만 한 재주를 가지고 있는지에 초점을 맞추어 능력에서 원인을 찾는다. 또 어떤 사람은 그 사람에게 우연히 주어진 기회, 즉 운 때문이었다고 하고, 어떤 사람은 돈 버는 일 자체가 어려운 일이 아니기 때문에 별거 아니라는 태도를 보인다. 대부분은 노력, 능력, 운, 과제 곤란도 중 딱 하나만으로 설명하지 않고 복합적으로 작용했다고 생각하지만, 그래도 더 근거로 삼는 원인은 사람마다 차이가 있다.

자기한테 일어난 일도 마찬가지이다. 미술 대회에서 상을 받았을 때 어떤 사람은 매일 조금씩 그림을 그리며 실력을 높였기 때문이라고 생각하고(노력), 어떤 사람은 자신이 가진 미술적 재능 때문이라고 생각한다(능력). 또 어떤 사람은 그저 운이 좋았을 뿐이라고 하고(운), 어떤 사람은 그 대회가 그다지 권위 있는 대회가 아니었기 때문이라고 생각한다(과제 곤란도).

실패 상황에서도 마찬가지이다. 성적이 떨어졌을 때 '공부를 덜 해서 그렇지' 하며 노력에서 원인을 찾는 사람이 있는 반면, '머리가 나쁜가 봐' 하며 능력 탓을 하는 사람도 있다. 또 '재수가 없어서 찍은 문제마다 틀려서 그래' 하며 운 핑계를 대는 사람도 있고, '문제가 너무 어려웠어'하며 과제 곤란도 때문이었다고 우기는 사람도 있다.

이렇게 어떤 사건의 원인을 찾는 과정에서 나타내는 개인마다의 성향 차이는 자존감 발달에 매우 큰 영향을 미친다. 원인을 어디에서 찾느냐에 따라 경험하는 정서가 다르기 때문이다.

성공 상황에서는 성공의 원인을 능력에서 찾으면 자신감과 유능감을 경험하게 된다. 그리고 앞으로 비슷한 다른 일도 잘할 수 있을 거란 기대감을 갖게 되어 도전적인 자세를 취한다. 성공의 원인을 노력에서 찾는 사람도 스스로에 대한 뿌듯한 느낌과 평온함을 경험하기 때문에 더 많은 성공을 만들어 내려 열의에 찬 노력을 하게 된다. 그러니 자존감이 높아지는 것은 당연하다.

반면 자신의 성공이 운이 좋아서이거나 누구나 할 수 있는 쉬운 일이었기 때문이라고 생각할 경우 자존감은 높아질 수 없다. 운이나 과제 곤란도는 자기 내부의 자원이 아니라 외부의 힘에 의한 것이기 때문에 기쁨이나 감사함을 경험하면서도 자존감이 높아지지는 않는다. 오히려 성공을 당연시하거나 별것 아닌 것으로 생각하여 다음의 성공을 위한 노력을 하지 않게 된다.

실패 상황에서도 자기 밖에 있는 운이나 과제 곤란도에서 원인을 찾는 것은 좋지 않다. 실패의 원인이 운이 없어서나 문제가 너무 어려워서라고 생각하면 분노를 느낄 뿐 자기 반성을 하지 않게 된다. 그래서 실패를 반복하지 않기 위한 방편을 찾는 노력도 게을리하게 된다. 그러니 성공의 기회가 줄어들고 그만큼 자존감을 높일 기회 역시 줄게 되는 것이다.

주목할 점은, 성공 상황에서는 원인을 능력에서 찾든 노력에서 찾든 큰 차이가 없고 둘 다 자존감을 향상시키지만, 실패 상황에서는 원인을 능력에서 찾으면 자존감이 크게 떨어지게 된다는 것이다. 실패의 원인을 자신의 능력이라고 믿게 되면 심한 굴욕감과 좌절감을 느끼게 된다. 능력은 어느 정도는 이미 정해져 있고 잘 안 바뀐다고 생각하기 때문에 능력 때문에 실패를 했다고 믿는 순간 의기소침해지고 무력해지는 것이다. 오히려 운이나 과제 곤란도와 같이 자기 밖에서 이유를 찾으면 자기 비난이나 자기 비하를 하지 않아도 되기 때문에 자존감 손상이 덜하지만 능력 때문이라고 생각하면 더 크게 좌절하고 자존감이 떨어지게 된다.

실패 상황에서는 노력에서 원인을 찾는 것이 자존감 발달을 위해 가장 좋다. 실패 상황에서 그 원인이 노력 때문이라고 생각하면 노력을 제대로 하지 않은 자기 자신에게 수치심도 느끼고 죄책감도 느끼지만 노력은 자기 자신이 조절할 수 있는 것이고 언제든 더하거나 덜할 수 있는 것이기 때문에 무력감을 느끼거나 낙담을 하지는 않는다. 또 자신에게 부족했던 노력의 정도나 방법을 바꾸기 위한 현실적인 방안을 마련하기 때문에 자기 발전의 기회를 더 많이 만들 수 있다.

정리하자면, 성공 상황에서는 그 원인을 능력이나 노력에서 찾게 하고, 실패 상황에서는 그 원인을 노력에서 찾게 하는 것이 자존감 발달을 위해서 가장 좋다. 그럼 부모가 어떻게 하면 아이가 이런 성향을 갖게 될까?

우선은 자녀의 귀인 성향을 점검해 볼 필요가 있다. 평소 자신이나 타인에게 일어난 사건의 원인을 어디에서 찾는지 관찰하는 것이다. 특히 성공이나 실패가 명확한 성취 상황에서 그것의 원인을 어디서 찾는지를 확인하는 것은 매우 중요하다. 친한 친구가 상을 받았을 때 "그 친구는 똑똑하잖아.", "걔는 뭐든지 잘해."처럼 능력으로 귀인할 수도 있고, "걔가 이번에 연습을 무지 많이 했대. 상 받으려고 열심히 하는 것 나도 봤어." 나, "운이 좋았던 것 같아. 걔는 은근 운이 따르는 것 같아." 같이 노력이나 운으로 귀인할 수도 있는데, 이러한 귀인 성향은 비슷한 상황에서 자신에게도 유사하게 적용된다. 사람마다 귀인 성향이 일관되게 나오는 사람이 있고, 상황에 따라 귀인을 다르게 하는 사람도 있기 때문에 여러 상황이나 대상에서 어떤 다른 귀인을 하는지 살펴보는 것이 좋다.

또 평소 자녀가 자신의 귀인 성향을 인식할 기회를 자주 주는 것도 도움이 된다. "저 운동 선수는 어떻게 금메달을 딸 수 있었을까? 운이 좋았던 건가?", "너는 이번 성적이 떨어진 이유가 뭐라고 생각해? 문제가 너무 어려웠었니?" 같은 질문으로 어떠한 일의 원인과 결과를 설명하도록 유도하는 것이다. 그리고 왜 그렇게 생각하는지, 그 근거가 무엇인지에 대한 아이의 의견을 들으면서 자연스럽게 노력 귀인을 덧붙이는 방식으로 교육하는 것이다. "네 말대로 운도 무시할 수 없겠지만, 실력이 없었다면 운도 소용이 없지 않았을까? 저 정도 실력을 쌓으려면 아마도 엄청난 노력을 했을 거야.", "문제가 어려웠던 부분도 있을 거야. 평균 점수가 떨어졌으니 다른 아이들에게도 어려웠을 테고. 그러니 앞으로 공부를 할 때는 어려운 문제도 풀 수 있게 준비를 더 열심히 해야 할 것 같지 않니?"와 같은 대화를 통해 노력의 중요성을 강조하고, 스스로 변화시킬 수 있는 노력의 정도나 방법에 대해 생각해 보도록 유도하는 것이다.

무엇보다도 자녀의 성공 혹은 실패 상황에서 부모 스스로가 노력에 귀인하는 모습을 지속적으로 보여 주는 것이 중요하다. 아이의 떨어진 성적표를 보며 속으로라도 '얘는 공부 머리가 없는 아이인가?' 생각하며 한숨을 쉬는 것은 능력으로 귀인하는 것이다. 이 경우 부모는 물론 아이도 좌절감과 무력감을 느끼며 더 이상의 노력이 의미가 없다고 판단하고 단념하기 쉽다. "성적이 조금씩 떨어지고 있는데 그 이유가 뭘까? 속상하겠지만 그 이유를 함께 찾아 보자."하며 수업 태도, 공부 방법, 시험 준비 과정 등에서의 문제점을 점검하면 다음번에 무엇을, 얼마나, 어떻게 해야 하는지 깨닫고 보다 효율적으로 더 많은 노력을 할 수 있게 된다.

자존감이 낮은 아이일수록 성공의 원인을 운이 좋았다거나 문제가 쉬워서라며 자기 외부의 힘에서 찾는 경향이 있기 때문에 부모가 적극적으로 성공의 원인을 아이 내부의 능력이나 노력과 연결시켜 주는 것이 필요하다. 이때도 "역시 내 아들이야. 나 닮아서 이렇게 잘 한다니까.", "너 똑똑해서 잘할 거라 믿었어."와 같이 능력 귀인에 그치기 보다는 "니가 열심히 노력했기 때문에 이런 좋은 결과가 있는 거야.", "매일 조금씩 집중 시간을 늘린 것이 도움이 된 것 같지 않니?" 등을 덧붙여서 노력의 중요성을 강조하는 것이 바람직하다.

실패에 대한 내성이
자존감 급락을 예방한다

매우 우울한 기분 때문에 상담을 청했던 여대생이 있었다. 이 여학생은 유복한 가정에서 태어나 원하는 것을 수월하게 얻으며 구김 없이 자랐는데 대학 졸업을 앞두고 갑자기 우울하고 무력한 마음에 학교도 가지 않고 하루종일 침대에 누워 눈물을 흘리고 있었다. 표면적으로 보면 이 여학생이 우울할 이유는 없었다. 입학 추첨 경쟁률이 국내 최고라는 사립 초등학교를 졸업하고, 누구나 알 만한 명문 예술중고등학교를 거쳐, 당당히 명문대학에도 합격하여 휴학 한번 없이 학교를 다녔고 성적도 우수하여 졸업만 하면 되는 상황이었다. 그럼에도 불구하고 이 여학생은 졸업이 두렵고 졸업 이후에 펼쳐질 사회에서의 경쟁이 두려워 졸업을 지연시키고자 애쓰고 있었다.

"지금까지 정말 잘해 온 것 같아요. ○○예술중학교 입학도 쉽지 않았을텐데, 초등학교 때부터 예술중학교 입학을 목표로 많은 노력을 했을 것 같아요. ○○예술고등학교도 입학과 졸업이 어려운 걸로 유명한데,

실패하지 않고 통과해서 원하는 대학에 입학까지 한 걸 보면, 아주 능력 있는 사람 같아 보이는데……." 낮은 자존감의 원인을 모르겠다는 듯한 나의 말에 그 여학생은 "그건 제가 잘해서 성공한 게 아니에요. 저희 초등학교에서 ○○예중 준비 같이 한 친구들 중에서 떨어진 친구는 몇 명 안 돼요. 예중에서 예고로 가는 것도 마찬가지구요. 다들 붙으니까 떨어지는 게 오히려 이상한 거였어요. 엄마가 시키는 대로, 선생님이 시키는 대로 한 아이들은 모두 합격했거든요. 엄마가 합격률 높은 학원 알아봐서 데려다 주면 저는 선생님이 시키는 대로 하기만 하면 됐어요. 그러니까 합격도 당연한 거죠. 제가 잘해서가 아니라 엄마랑 선생님들이 관리를 잘해줘서 여기까지 온 거예요."라고 답했다.

늘 성공만 한 사람은 당연히 자존감이 높을 것 같지만 그렇지 않다. 오히려 상담을 하다 보면 실패를 한번도 해 보지 않은 아이들이 얼마나 자신의 가치와 능력에 대한 신뢰가 약한지 알게 된다.

초등학교 때 늘 1등만 하던 아이가 중학교에 입학한 이후에 등교 거부를 시작했다. 그리고 자기는 머리가 나빠서 공부를 잘할 수 없으니 학교에 다니는 것이 무의미하다고 주장한다. 졸업생 대표로 상까지 받고 졸업한 아이가 중학교 부적응아가 되었으니 부모의 속이 탈 수 밖에 없다. "머리가 나빴으면 초등학교 때 1등 하는 것이 힘들지 않았을까? 너는 초등학교 때 거의 매번 1등을 했다며?" 상담을 하며 아이에게 물어 보니, "초등학교 공부는 쉽잖아요. 초등학교 시험은 머리랑 상관없이 누구나 잘칠 수 있어요."라고 대답했다. 그리고 자신이 초등학교 때 공부를 잘했던 이유는 엄마가 시키는 대로 했었기 때문이라고 덧붙였다.

　학습된 무기력 이론(Learned Helplessness Theory)이 있다. 피할 수 없
는 고통을 반복적으로 경험한 사람은 무기력을 학습하게 되어 나중에는
피할 수 있는 고통마저도 피하지 않고 그 고통 안에서 참고 산다는 이론
이다. 초기에 이 이론은 개를 이용한 실험으로 무기력이 학습되는 과정
을 입증했었다.

　우선 개에게 무기력한 상황을 경험시키기 위해 개를 실험 상자 안에
가두고 바닥에 전기 충격을 가하였다. 이때는 개가 어떠한 노력을 해도
전기 쇼크를 피할 수 없는 상황을 만들었다. 처음에 개는 이러저리 뛰거
나 장애물을 건너다니며 전기 쇼크를 피하려고 애를 썼지만 일정 시간
이 지난 후에는 체념하고 한 자리에 쪼그리고 앉아서 전기 쇼크를 견디
는 행동을 보였다.

　그런 후 한쪽에는 전기가 흐르고 낮은 장애물로 경계 지워진 다른 한
쪽에는 전기가 흐르지 않는 실험 상자 안에 개를 놓았다. 그런데 상황이
달라졌음에도 불구하고 개는 전기 쇼크를 피하기 위한 노력 즉, 아주 낮
은 장애물을 건너기만 해도 되는 행동을 하지 않고 그냥 전기 쇼크를 견
디며 고통스러워하는 모습을 보였다. 개를 통한 이런 실험은 어떻게 해도
피할 수 없는 고통과 좌절을 겪은 후에는 피할 수 있는 다른 상황에도
쉽게 포기하고 무기력해지는 과정을 보여 주었다. 그리고 후속 연구들은
이렇게 무기력이 학습될 경우 특정 과제를 수행할 때 동기(motivation)가

크게 저하되어 행동의 범위와 정도가 제한되고 스트레스에 취약해서 우울증과 같은 심리적 문제를 겪게 될 가능성이 높아짐을 입증하였다.

이 이론은 실패로 인해 느끼게 되는 무력감이 얼마나 안 좋은지를 잘 보여 주었다. 그리고 학습 동기와 심리적 건강성을 높이기 위해서는 가능한 실패를 경험하지 않게 환경을 정교하게 관리하는 것이 필요하다는 주장을 뒷받침하였다.

그런데 이후 초기 이론과 다른 결과를 보여주는 연구들이 발표되기 시작했다. 오히려 실패를 경험한 피험자들이 그렇지 않은 피험자들에 비해 더 나은 수행을 보여 주는 연구 결과들이 발표된 것이다. '왜 어떤 사람은 실패로 인해 좌절하고 무기력해지는데, 또 다른 사람은 오히려 실패를 딛고 일어나 더 나은 결과를 만들어 낼까? 그들 간의 차이는 무엇일까?' 연구자들은 의문을 갖기 시작했고 다시 실험을 정교화하여 연구를 계속하였다.

그리고 중요한 차이를 발견하였다. 그것은 실패의 강도와 실패의 원인에 대한 개인 내적 해석의 차이였다. 개인에게 가해진 실패 상황이 개인이 감당할 수 없는 정도로 매우 치명적이고 통제 불가능한 것일 경우, 그리고 스스로가 그것이 자신은 해결할 수 없는 다른 힘에 의해 결정된 것이라고 믿는 경우에는 무기력이 나타나지만, 반대로 실패가 견딜만한 수준의 것이거나 스스로 실패의 원인을 본인이 통제할 수 있는 무언가로 인한 것이라고 해석하게 되면 무기력이 나타나지 않고 오히려 실패를 통해 더 많은 노력을 기울여 더 나은 결과를 만들어 내는 것이다.

　그런데 실패의 강도나 실패의 원인에 대한 해석은 매우 주관적이며 개인적인 것이다. 아이가 대학에 떨어졌다고 가정을 하자. 대학에 떨어진 것은 인생에 크나큰 오점을 남기는 치명적인 실패인가? 아니면 대학 낙방 정도는 살면서 겪을 수 있는 여러 실패 중 하나인 대수롭지 않은 것인가? 이 질문에 대한 대답은 주관적으로 느끼는 실패의 강도 차이를 만든다. 대학 입시에서의 실패는 내가 어쩔 수 없는 힘에 의해 이미 벌어졌고 뒤집을 수 없는 일이므로 그냥 받아들여야 하는 것인가? 아니면 대학에 떨어진 것은 노력이 부족해서 이거나 지원 전략을 잘못 짰기 때문이므로 이번 실패를 거울삼아 다시 현실적인 계획을 세워 도전하면 되는 것인가? 이 질문에 대한 대답은 실패의 원인에 대한 해석의 차이를 만든다. 이렇게 같은 실패 상황에서도 사람에 따라 그것의 강도와 원인을 다르게 생각하고 다르게 행동하게 되는 것이다.

　주목할 것은, 사람은 자신이 성공할 수 있다고 기대하는 일에서 실패를 하면 심리적 반동에 의해 더 많은 노력을 기울인다는 것이다. 예를 들어 자기 정도의 실력이라면 피아노 대회에서 입상을 할 거라고 기대를 했던 사람이 예상과 달리 상을 받지 못했다면, 자신의 실력을 입증하기 위해서 연습량을 늘이고 더 많은 노력을 기울이게 된다. 반면, 원래 자기의 피아노 실력에 확신이 적은데다가 피아노 대회에서 상을 받는 사람은 타고난 재능을 가진 특출난 사람뿐이라고 믿는 사람은 실패의 고통에서 벗어나기 위한 노력을 하지 않는 것이다.

부모의 철저한 관리와 도움을 통해 성공만을 반복하고 실패를 경험해 보지 못한 아이들은 자신의 능력에 대한 확신을 갖지 못한다. 성공의 공은 모두 부모에게 돌리고 자신은 그저 부모 말을 잘 들었기 때문에 실패하지 않은 것 뿐이라고 생각한다. 그로 인해 약한 실패 상황에서도 그것을 치명적인 실패로 받아들이고 자신에게 그 실패를 뒤집을 힘이 없다고 생각한다. 그래서 견딜만하고 통제 가능한 여러 번의 실패를 통해 실패의 내성을 쌓은 아이들에 비해 쉽게 학습된 무기력에 이르게 된다.

이런 아이들은 부모에 대한 원망도 많다. "우리 과에 저처럼 예중, 예고 나온 친구들은 저처럼 자존감이 낮아요. 자기들도 아는 거죠. 자기가 잘나서 좋은 대학에 들어온 게 아니라는 것을. 오히려 지방에서 일반고등학교 다니고 학원 다니면서 자기 실력 쌓아서 들어온 아이들은 자신감이 넘쳐요. 대학 1학년 때는 지방 아이들이 기죽어 지냈지만, 졸업을 앞둔 지금은 그 아이들이 더 잘나가요. 저도 차라리 부모님이 돈이 없었거나 저한테 무관심 했었으면 좋았을 것 같아요." 부모가 자신을 온실 속의 화초로 키웠기 때문에 자존감이 높을 수가 없다며 부모 탓을 하는 것이다. 다른 아이는 "엄마가 어릴 때부터 다 알아서 해 주면서 이렇게 혼자서는 아무것도 할 수 없는 사람으로 키워 놓았으니, 앞으로도 엄마가 내 인생을 책임져야 해요. 모든 게 엄마 때문이에요."라며 눈물을 흘린다.

완전히 틀린 말은 아니지만, 금이야 옥이야 귀하게 키운 아이로부터 이런 말을 듣는 부모는 억울할 수밖에 없다. 아이를 정말 사랑한다면, 그래서 이 험한 세상에서 아이가 잘 살아가길 원한다면, 실패를 막아주려 애쓰면 안 된다. 오히려 견딜 수 있는 수준의 실패를 경험하게 하고, 그 실패를 자신의 노력을 통해 성공으로 바꾸는 경험을 하도록 도와주어야 한다. 이런 반복되는 과정을 통해 아이는 자기 자신을 믿을 수 있게 된다. 그리고 실패에 대한 내성을 만들어 더 큰 실패 상황도 이겨낼 수 있는 힘을 갖게 된다.

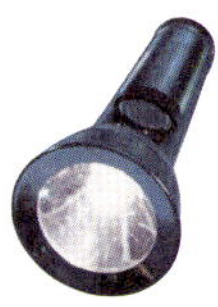

06 자존감을 높이는 칭찬과 훈육 방법

칭찬은 자존감의 두 가지 축인 자기 가치에 대한 확신과 자기 능력에 대한 믿음 중 자기 능력에 대한 믿음을 높이는데 더 크게 기여한다. 자기 능력에 대한 믿음은 자기 효능감(self efficacy), 즉 어떤 일을 성공시키는데 필요한 능력을 자신이 얼마나 갖추고 있다고 믿는지, 자신이 그 일을 했을 때 어떤 좋은 결과를 만들어 낼 수 있는지에 대한 자기 평가라고 할 수 있다.

앞에서도 설명한 바와 같이, 자기 효능감은 자신의 능력이 외부 환경에 미칠 수 있는 영향의 정도에 의해 높아지기도 하고 낮아지기도 한다. 내가 가진 어떤 능력이 외부에 별다른 힘을 발휘하지 못한다고 생각하면 그것은 자존감을 높이는데 별 기여를 하지 못하지만, 내가 가진 능력이 외부에 큰 힘을 발휘한다고 생각하면 자존감은 높아지게 된다.

아이들에게 가장 중요한 외부 환경은 가정과 학교이다. 자신이 가지고 있는 능력으로 인해 가정과 학교에서 부모와 교사에 의해 칭찬과 인정을 받게 되면 아이들은 자신의 능력이 값진 것이라 생각하고 높은 자아 효능감을 갖게 된다. 그래서 칭찬이 중요하다. 칭찬은 아이로 하여금 자신이 외부에 미친 영향력의 정도를 가늠하는 중요한 수단이기 때문이다.

그런데 칭찬을 잘못하게 되면, 아이들은 칭찬으로 인해 오히려 자존감을 잃게 된다. 그래서 칭찬은 독이 될 수도 있다.

초등학생 아이들을 대상으로 칭찬 실험을 했다. 아이들을 두 집단으로 나누고 두 집단 모두에게 쉽게 맞힐 수 있는 문제를 냈다. 그리고 아이들이 정답을 맞힐 때마다 칭찬을 했다. 첫째 집단 아이들에게는 "야! 너 굉장히 똑똑하구나. 머리가 아주 좋은가 봐!"하고 칭찬을 했고 둘째 집단 아이들에게는 "와~ 너는 차분하게 문제를 잘 푸는구나. 생각을 참 열심히 하는 것 같아."하고 칭찬을 했다.

그리고 다음에 풀 문제를 스스로 고르도록 했다. 문제의 유형은 다음과 같았다.

❶ 많이 틀리지 않을 것 같은 문제

❷ 쉬워서 다 맞힐 수 있을 것 같은 문제

❸ 내가 얼마나 잘하고 똑똑한지를 보여줄 수 있는 문제

❹ 좀 어렵긴 하지만 많은 것을 배울 수 있는 문제

그 결과, "야! 너 굉장히 똑똑하구나. 머리가 아주 좋은가 봐!"와 같은

칭찬을 들은 아이들은 대부분 4번을 제외한 1,2,3번 중에 하나를 선택한 반면, "와~ 너는 차분하게 문제를 잘 푸는구나. 생각을 참 열심히 하는 것 같아."와 같은 칭찬을 들은 아이들은 대부분은 4번을 선택했다.

'너 굉장히 똑똑하구나. 머리가 아주 좋은가 봐.'와 '너는 차분하게 문제를 잘 푸는구나. 생각을 참 열심히 하는 것 같아.'는 어떤 차이가 있는 걸까? 전자는 능력 중심의 칭찬이고 후자는 노력 중심의 칭찬이다. 능력 중심의 칭찬과 노력 중심의 칭찬은 왜 이런 차이를 만들어 내었을까?

아이에게 많이 하는 "너 천재 아니니? 어쩜 이렇게 똑똑하니!" 같은 능력 중심의 칭찬은 순간적으로는 매우 기분 좋고 행복한 느낌을 주지만 동시에 위협이 되기도 한다. 어쩌다 실수를 하거나 잘 못했을 때는 "너 바보 아니야? 도대체 생각이 있는 거야? 없는 거야?"하는 비난으로 쉽게 바뀌기 때문이다. 능력 중심의 칭찬은 실패 상황에서, 때로는 직접적인 말로 때로는 눈빛이나 한숨으로, "이 바보야, 넌 누구 닮아서 이렇게 머리가 안 돌아가는 거야?"하며 아이의 존재감을 위협하는 비난으로 바뀌기 쉽다.

반면 "넌 참 열심히 하는구나."와 같은 노력 중심의 칭찬은 실수나 실패를 했을 때의 위협이 상대적으로 적다. "좀 열심히 하지 그랬어.", "덤벙거리지 말고 차분히 문제를 풀라고 했잖아." 같은 야단은 아이의 존재 자체보다는 행동이나 태도에 대한 비난이기 때문에 아이 입장에서 받아들이기가 훨씬 쉽다.

그래서 '너 정말 똑똑하구나!' 같은 능력 중심의 칭찬을 받은 아이들은 '좀 어렵긴 하지만 많은 것을 배울 수 있는 문제'를 푸는 과정에서 겪을 위협을 피하고 싶어하는 것이다. 칭찬 뒤에 숨어 있는 함정을 알기 때문이다.

1, 2, 3번 유형의 문제를 좋아하는 아이들은 다른 사람이 시키니까 억지로 혹은 남에게 자신의 능력을 증명해 보이기 위해서 공부를 한다. 이런 아이들은 쉬운 문제는 열심히 푸는 반면, 어려운 문제를 만나면 빨리 포기를 한다. 때문에 이런 아이들은 어려서는 공부도 잘하고 똑똑하다는 이야기를 많이 듣지만 공부가 갑자기 어려워지는 초등학교 4학년이나 중학교 1학년 때부터 갑자기 성적이 떨어지고 자신감을 잃는 모습을 보인다.

반면, 4번과 같은 문제를 풀겠다고 하는 아이들은 새로운 것을 배우는 기쁨 때문에 공부를 한다. 이런 아이들은 배우는 것 자체를 즐기기 때문에 누구나 풀 수 있는 쉬운 문제보다는 공부하는 과정에서 무언가를 배울 수 있는 도전적인 과제를 좋아한다. 그래서 어려운 문제가 나와도 포기하지 않고 높은 집중력을 발휘한다.

아이로 하여금 자신이 능력 있는 사람이라는 믿음을 가지게 하면서도, 자만하여 노력을 등한시하거나 조금이라도 능력이 없어 보이는 상황을 피하기 위해 아예 도전조차 하지 않고 포기해 버리는 사람이 되지 않게 하기 위해서는 칭찬을 올바른 방법으로 해야 한다. 자존감을 높이는 올바른 칭찬은 다음과 같다.

노력 중심 vs 능력 중심

자존감을 높이기 위해서는 능력보다는 노력에 초점을 맞춘 칭찬을 해야 한다. 많은 부모들은 아이가 잘할 때마다 "너는 역시 똑똑해.", "아무래도 너는 천재 같아."와 같이 능력에 초점을 맞춘 칭찬을 하는데, 이 경우 아이는 실제 자기가 아닌 과대평가된 자기에 대한 효능감을 갖게 된다. 자기 능력에 대한 확신이 확고한 소수의 아이들은 이런 칭찬을 통해 더 높은 자아 효능감을 갖게 되지만, 자기 능력에 대한 확신이 부족하거나 불안정한 대부분의 아이들은 이런 칭찬에 대해 부담을 느끼고 왠지 실제 자기 모습을 보면 상대가 실망하게 될 것에 대한 불안을 갖게 된다. 겉으로는 자존감이 높은 듯이 당당하게 행동할 수 있지만, 속으로는 상대의 기대에 못 미치는 자신의 능력이 들통 날까 봐 노심초사하게 된다. 그리고 일부 아이들은 이런 불안을 스스로 잠재우고자 일부러 더 자신을 과장해서 드러내고 큰소리를 치거나 과잉행동을 하기도 한다.

아이의 좋은 행동이나 성과에 대해 칭찬을 할 때는 "아주 잘했어. 네가 열심히 노력한 덕분이야. 틀린 문제를 꼼꼼히 체크하고 다시 풀어본 게 효과가 있었던 것 같아.", "요즘 매일 공부를 꾸준히 한 게 효과가 있었던 것 같아. 그치?"처럼 아이의 노력에 초점을 맞춘 칭찬을 해 주어야 한다. 그래야 아이는 부모의 기대에 부합하는 더 나은 능력을 보여주어야 한다는 부담을 느끼지 않고, 실수나 실패를 두려워하지 않게 된다. 그리고 자신의 실력 향상에 도움이 되는 어려운 문제에 도전해서 더 높은 자존감을 형성할 수 있게 된다.

과정 중심 vs 결과 중심

칭찬은 결과보다는 과정에 초점을 맞추어야 한다. 보통 아이가 시험지나 성적표를 받아 오면 부모들은 점수에만 관심을 두지 그 점수를 받기 전 과정에는 무관심하다. 그래서 100점을 받았을 때만 칭찬을 하게 되고, 하나라도 틀리면 아이를 야단치는 경우가 많다. 이 경우에도 자존감이 매우 높은 일부 아이들은 잘못된 자신에 대한 평가를 뒤집고 자존심을 회복하기 위해서라도 더 열심히 공부를 하지만, 대부분의 아이들은 100점처럼 힘든 것을 어떻게 매번 받아오라는 거냐며 속으로 반발하며, 부모의 기대를 충족시키지 못하는 자신에게 수치심과 죄책감을 느끼게 된다. 그리고 무엇을 어떻게 더 노력해야 할지와 관련된 현실적이고 건설적인 생각을 하기 보다는 '나는 잘할 수 있는 게 없어.', '나는 역시 안 돼.' 하며 무기력한 태도를 보이기 쉽다.

결과에 초점을 맞춘 칭찬보다는 "우와~ 요즘 수업 태도가 좋아졌다고 선생님이 칭찬을 많이 하시던데, 역시 수업을 잘 들으니 성적도 오르는구나.”, “발표를 그렇게 잘하다니 엄마는 깜짝 놀랐어. 여러 번 연습을 반복했던 것이 도움이 많이 된 것 같지 않니?” 하며 결과를 과정과 연결시켜 칭찬하는 것이 좋다.

결과가 기대에 못 미치더라도 화를 내거나 아이를 비난하지 말고 “이번에 무엇을 다르게 했더라면 더 좋았을까? 준비 과정에서 부족했던 게 뭔 것 같아?” 하며 다음을 기약하는 태도를 취하는 것이 좋다. 또 결과와 상관없이 ‘이번 시험을 통해 새로 알게 된 것은 무엇인지, 이번 성적이 좋거나 나쁜 이유가 어디에 있다고 생각하는지’ 등에 대한 대화를 나누면서, 아이가 노력한 과정에 대한 칭찬을 할 경우 아이는 자연스럽게 과정의 중요성을 인식하게 된다.

결과가 나오기 이전에도 노력하는 과정에 자연스럽게 칭찬하는 것도 중요하다. 예를 들어 시험공부를 하고 있거나, 블록을 쌓으며 놀고 있거나, 발표 준비를 하고 있을 때, “공부를 열심히 하는 모습이 참 보기 좋다.”, “블록을 하나하나 차분히 쌓고 있구나. 블록이 점점 더 멋있어지고 있어.”, “목소리에 힘을 주어서 당차게 말하니까 엄마까지 설득되는 기분이야. 엄청 똑똑해 보여.” 하며, 과정 속에서 뿌듯함을 느끼게 하는 것이다. 잘하라고 부담을 준 것도 아닌데, 아이가 너무 잘하는 척 보이려고 애쓴다거나 시험 때만 되면 과하게 긴장해서 오히려 성적이 더 안 나온다고 걱정하는 경우, 과정 속에서 자연스럽게 받은 칭찬이 부족한 경우가 많다. 잘하라고 언어적으로 압력을 준 것은 아니더라고 늘 잘해야만 칭찬을 받았다면, 아이는 과정을 즐기지 못하고, 결과에만 연연한 모습을 보이게 되는 것이다. 결과가 만족스럽더라도 준비하는 과정이 너무 고통스러웠다면 다시 도전하는 것을 주저하게 된다. 중학교 때 남들 몇 배의 노력을 통해 외고, 과학고, 예술고 등의 특목고에 진학했음에도 불구하고, 고등학교 입학 이후에 공부에서 손을 놓아버리는 아이들이 대표적인 경우이다. 결과가 기대에 못 미치더라도 과정에서 느낀 기쁨과 뿌듯함을 기억할 수 있을 때, 우리는 새로운 목표를 만들고 도전할 수 있게 되는 것이다.

자기 준거 vs 타인 준거

남과의 비교보다는 자신과의 비교에 의한 칭찬이 자존감을 높인다. 부모가 애써 '누가 너보다 얼마나 잘하는지, 못하는지'를 강조하지 않아도 아이는 이미 타인을 관찰하고 타인과 자신을 비교하느라 바쁘다. 비교는 인간을 성장시키는 원동력이며, 자존감을 만드는데 꼭 필요한 과정이기 때문이다.

만일 주변에 막강한 비교 대상이 없다면, 그 아이는 높은 자존감을 갖기 유리한 조건에 있다고 할 수 있다. '용의 꼬리보다는 뱀의 머리가 낫다'는 속담처럼, 너무 잘난 사람들 사이에서 열등감을 느끼게 되면 자존감이 낮아지지만, 보통 사람들 사이에서 유능감을 느끼면 자존감이 높아지게 된다.

그런데 불행히도 세상엔 잘난 사람이 너무나 많고, 그 잘난 사람들은 눈에도 잘 띈다. 공부 잘하는 아이 하나 때문에 형제는 물론, 사촌, 팔촌, 사돈의 팔촌까지 학년이 비슷한 아이들은 모두 '모자라는 애'가 된다. 학교와 학원은 물론 이웃들 간에도 '누구네 집 공부 잘하는 누구'에 대한 소문은 빨리 퍼진다. 그러니 잘난 누군가와 비교를 하면 우리 아이는 성취감과 유능감을 맛볼 기회 자체를 잃게 된다. 오히려 '늘 뭐든지 잘하는 누구'와 '늘 뭐든지 제대로 못하는 나'라는 공식을 만들어 자신의 실패를 당연히 여기고 낮은 자존감을 갖게 된다.

또한 다른 사람과 비교를 자주 당하다 보면 다른 사람을 이기는 것이 중요해지기 때문에 자기 자신보다는 다른 사람을 더 신경 쓰게 된다. 친구는 공부를 얼마나 하는지, 어느 학원에 다니는지, 뭘 배우는지 신경 쓰다가 정작 자기가 해야 할 것은 안 하는 꼴이 되는 것이다. 또 자신이 더 열심히 해야겠다는 생각보다는 타인이 덜 열심히 하거나, 타인에게 안 좋은 일이 일어나서 자신이 이기기를 바라는 마음까지 갖게 되어, 성품과 관련된 자존감에 상처를 입히게 된다.

자존감을 높이기 위해서는 자기 자신과의 비교에 근거한 칭찬을 해야 한다. 아이는 성장하고 있기 때문에 자기 자신과의 비교에서는 늘 우위를 점할 수 있다. "작년까지는 맞춤법 실수가 종종 있었는데, 학년이 바뀌고 나니 맞춤법은 거의 잡힌 것 같네.", "이제 방 정리가 조금씩 되기 시작하네. '학교 갔다 와서 책가방 제자리에 갖다 놓고, 벗은 옷 걸어 놓기' 규칙이 이번 주 내내 아주 잘 지켜졌어.", "수줍음을 많이 타서 걱정했었는데, 이제 인사도 잘하고 질문에 대답도 잘하고, 많이 적극적으로 되었어요." 같은 칭찬을 아이에게 직접적으로 혹은 아이가 듣는 곳에서 다른 사람에게 간접적으로 하면 아이는 자신의 과거와 현재를 비교하면서 더 나아지고 있는 자기를 인식하게 된다.

평소에도 아이가 성장하고 변화하는 과정에 대한 이야기를 많이 나누는 것이 좋다. 꼭 칭찬의 형태를 띄지 않더라도, 예전 공책을 열어 보며 지금 글씨가 예전에 비해 얼마나 더 또박또박하고 예쁜지를 강조하거나, 지금은 줄줄 잘 외우는 구구단도 불과 몇 달 전에는 쩔쩔매며 힘들어 했었다는 것을 상기시키면 자신의 능력이 증가하고 있음을 더 공고하게 믿게 된다.

좋은 성격 vs 좋은 머리

자존감을 높이기 위해서는 한쪽에 치우치기 보다는 여러 영역에 걸쳐 골고루 칭찬거리를 찾는 것이 좋고, 특히 대인관계 영역이나 성품과 관련된 영역에서의 칭찬거리를 많이 찾는 것이 도움이 된다. 앞에서 살펴본 것처럼 자존감은 인지적 능력, 외모 및 신체적 능력, 대인관계 능력, 성품 등 여러 영역에서의 자기 평가에 근거한다. 이 중 부모나 교사는 인지적 능력에 대한 칭찬을 가장 많이 하고, 나머지는 대수롭지 않게 넘기는 경우가 많다. 아이에 대한 칭찬이 주로 공부나 성적과 관련되어 한정되기 때문이다.

아이가 공부를 잘하건 못하건 인지적 능력에 한정된 칭찬은 위험하다. 인지적 능력에 근거한 자존감만 높은 아이들, 즉 공부를 잘해서 공부와 관련된 칭찬만 많이 받은 아이들은, 공부 하나로 자기를 지탱하다가 성적이 떨어지거나 자기보다 공부를 더 잘하는 사람 사이에 섞이게 되면 급격하게 위축되고 혼란을 겪게 된다. 명문대 입학 이후에 우울에 빠지거나 자살을 하는 아이들이 그 대표적인 예이다.

인지적 능력에 한정된 칭찬만 하는 경우, 공부를 못하는 아이들은 칭찬받을 기회 자체를 못 갖기 때문에, 전반적으로 낮은 자존감을 갖게 된다. "난 공부 빼고 다른 건 다 잘할 수 있는데, 우리 엄마는 공부 말고 다른 건 관심이 아예 없어요." 상담 센터에서 만나는 아이들 중에 이런 하소연을 하는 아이들이 많다.

자존감을 높이기 위해서는 특히 대인관계 능력과 성품에 대한 칭찬을 많이 하는 것이 좋다. 앞에서도 언급한 바와 같이, 대인관계 능력과 성품은 다른 영역에 비해 선천적으로 타고난 것이나 부모의 사회 경제적 지위의 영향을 상대적으로 덜 받는 영역에 속한다. 즉, 자신의 노력으로 충분히 변화 발전시킬 수 있는 영역인 것이다. 그리고 대인관계 능력과 성품은 학교라는 울타리를 벗어나 사회에 진출한 이후에 더 큰 빛을 발하는 영역이기도 하다.

"난 네가 이렇게 잘 웃는 게 참 좋아. 네 웃음은 주변 사람까지 기쁘게 하는 힘을 가지고 있는 것 같아.", "다른 사람의 입장이 되어 생각해 보려는 너의 태도가 좋게 느껴진다. 다른 사람의 입장까지 헤아릴 수 있다니 어느새 많이 컸구나.", "너보다 키도 크고 덩치도 큰 친구에게 그렇게 당당하게 이야기할 수 있었다니 대단하다. 나는 너처럼 용기있게 말하지 못했을 것 같아."하며, 공부 이외의 영역에서 아이의 자존감을 북돋아줄 수 있는 칭찬을 찾아보자.

득이 되는 칭찬 VS 독이 되는 칭찬

득이 되는 칭찬

– 참 잘했네. 네가 열심히 노력한 덕분이야.

– 블록을 하나하나 차분히 쌓고 있구나.

– 야! 지난번 보다 두 개나 더 맞혔네. 어떻게 이렇게 잘할 수 있었니?

– 잘했구나. 이번 성적이 오른 이유가 뭐라고 생각하니?

– 네가 친구들에게 양보하고 배려하는 모습이 참 보기 좋아.

– 오늘도 책가방을 제자리에 잘 가져다 두었네. 연속 3일째야. 좋은 습관이 만들어지
  고 있는 것 같아서 기쁘다.

독이 되는 칭찬

– 야~ 넌 역시 똑똑해.

– 잘했어. 넌 정말 천재야!

– 공부를 안 했는데도 이렇게 성적이 잘 나왔어? 역시 넌 나를 닮아서 머리가 좋아.

– 시험 잘 봤네. 잘했어. 공부 잘하면 친구들도 너를 무시하지 못할 거야.

– 그것 봐, 엄마가 시키는 대로 하면 100점 받을 수 있다고 했잖아. 엄마 말 맞지?

자존감을 낮추지 않으며 훈육하는 방법

아이를 칭찬만으로 키울 수는 없다. 부모는 아이의 잘못된 행동에 대해서 야단도 치고 벌도 주면서 올바른 행동을 가르쳐야 한다. 야단과 벌 역시 훈육의 과정이다. 그런데 야단을 잘못 치게 되면 아이는 자존감에 손상을 입게 된다. 가장 인정받고 싶은 사람으로부터 비난을 받는 과정에서 죄책감과 수치심 등을 느끼게 되면 쉽게 무력해지기 때문이다.

자존감을 떨어뜨리지 않으며 야단을 치기 위해서는 잘못을 과장하지 않고, 현재의 잘못에만 초점을 맞추어 야단을 쳐야 한다. 아이가 잘못을 했을 때 부모들은 그 잘못을 다시는 반복하지 않게 하기 위해 상황을 과장하는 경향이 있다. '한 번' 한 잘못도 '맨 날' 하는 것처럼 이야기하고 '조금' 잘못한 것도 '엄청나게' 잘못한 것처럼 이야기한다. 부모는 이러한 과장이 아이에게 경각심을 일으켜 잘못을 반복하지 않게 되기를 희망하지만 오히려 아이의 자존감이 손상되는 부작용을 낳는다. 아이가 잘못한 행동에 대해서만 야단을 치지 못하고 아이 존재 자체를 비하하고 뜯어 고치려 하기 때문이다.

아이가 친구 물건을 몰래 가져왔을 때 "다른 사람 물건을 말도 하지 않고 가져 오는 것은 잘못된 행동이야. 그 친구는 이 물건을 찾느라 얼마나 애를 먹었겠니? 다음부터는 친구에게 말을 하고 빌려 오던지 갖고 싶은 물건이 있으면 엄마한테 먼저 말을 해."하면 끝날 수 있는 것도 "어디 조그만 게 벌써부터 남의 물건에 손을 대고 있어. 커서 도대체 뭐가 되려고 그래? 니가 한 짓은 도둑질이야. 너 도둑질 하면 경찰이 잡아 가는 거 알아, 몰라? 감옥에 가서 엄마 얼굴도 못 보고 추운데서 살고 싶어? 앞으로 한번만 더 이런짓 하면 엄마가 경찰에 신고해 버릴 거야."하고 상황을 과장해서 아이에게 겁을 주는 것이다.

아주 어린 아이들은 이런 부모의 말을 고지곧대로 믿고 놀라서 겁을 먹는다. 문제는 겁이 나도 너무 크게 나서 자기의 행동을 되돌아보고 반성하는 것이 잘 안 된다는 것이다. 부모의 말을 듣고 있기는 하지만 공포로 인해 자신의 어떤 행동이 왜 잘못되었는지에 대해 깨닫지 못하는 것이다. 울거나 머리를 이불 속에 집어넣는 등의 행동으로 현재의 공포스러운 상황을 피하려고만 한다. 그러니 다음번에는 어떻게 해야 하는지도 편안하게 배우지 못한다. 이런 아이들은 어른들의 눈치를 살피며 소심하게 행동하기 쉽다.

조금 큰 아이들은 억울함과 섭섭함에 입을 삐죽이기 쉽다. 속으로 '엄마는 거짓말 안 했어? 엄마도 지난번에 할머니한테 거짓말 했으면서 괜히 나만 가지고 그래'하며 자기의 잘못을 방어하게 된다. 그리고 어쩌다 엄마가 자동차 열쇠를 차 안에 넣고 내리는 실수라도 하면 그 상황을 오랫동안 기억하면서 여러 사람들 앞에서 엄마의 치부를 과장해서 떠벌린다. 실제로는 금방 여분의 키를 찾아서 문제를 해결했는데도 "엄마가 열쇠를 차에 놓고 내려서 우리 가족 모두 외출도 못하고 하루를 다 망쳤잖아요. 얼마나 황당했는데요."하며 과장한다. '엄마도 잘못할 때도 있으면서 나만 보고 뭐라 그래'하는 억울한 마음을 표현하는 것이다.

그렇다고 아이가 잘못을 저질렀는데도 야단을 안 치고 넘어갈 수는 없다. 부모는 아이에게 옳고 그름에 대한 분명한 가이드 역할을 해야 하기 때문이다. 아이의 자존감에 상처를 주지 않으면서 동시에 옳고 그름에 대해서도 가르치기 위해서는, 야단도 제대로 칠 필요가 있다.

아이를 야단칠 때는 먼저 아이에게 해명할 기회를 주어야 한다. 아이의 잘못이 명백한 상황이라도 아이의 입장에서 왜 그런 행동을 하게 되었는지 들어주는 시간이 필요하다. 친구의 물건이 너무 가지고 싶었다거나 자기도 모르게 엉겁결에 가지고 오게 되었다거나 잠깐 가지고 있다가 돌려주려고 했다거나 아이의 변명은 다양할 수 있다. 이때 부모는 "그래 그랬구나." 하고 이야기를 들어 주어야 한다. "니가 뭘 잘했다고 또 변명이야."하고 아이의 입을 막으면 아이는 억울하고 답답해한다. 그리고 다음부터는 자신의 잘못을 숨기고 거짓말을 더 많이 하게 된다.

아이에게 해명할 기회를 주기 위해서는 부모가 자신의 화를 조절할 수 있어야 한다. 부모가 흥분되어 있고 화가 머리끝까지 나 있는 상황에서는 아이의 이야기를 객관적으로 들을 수가 없다. 만약 아이의 잘못된 행동으로 화가 많이 나 있는 상태라면 흥분이 가라앉을 때까지 아이와 대화하지 않는 것이 좋다. 조용히 방 안에 혼자 앉아 마음을 가라앉힌 후에 대화를 시도해야 한다.

아이에게 해명할 기회를 준 후에는 엄마가 화가 났다는 사실을 말한다. 엄마가 말을 하지 않아도 아이는 이미 눈치채고 있지만 엄마가 차분하고 낮은 목소리로 "엄마는 지금 네 행동 때문에 화가 많이 났어."하고 말하면 아이는 상황의 심각성을 느끼고 딴청을 부리거나 상황을 모면하려고 잔꾀를 쓰려고 하지 않는다.

그리고 화가 난 이유를 과장이나 치우침 없이 설명하는 것이 필요하다. 아이의 어떤 행동 때문에 화가 났는지를 구체적으로 설명해야 한다. 이때 '너라는 아이 전체가 문제 덩어리라서 화가 났다.'가 아니라 '너의 특정 행동 때문에 화가 났다.'는 것을 이해시켜야 한다. "엄마가 몇 번을 말했니. 생각 좀 하고 행동하라 그랬잖아. 도대체 니 머릿속에는 뭐가 들어 있니?"하며 야단을 치는 것은 '너의 존재 자체가 문제야'라고 말하는 것이랑 똑같다. 그러면 아이의 자존감은 떨어지게 된다.

"니가 화났던 상황은 알겠는데 그렇다고 친구를 주먹으로 때리면 안돼. 걔네 엄마가 화가 나서 전화 했는데, 그 친구 얼굴에 상처가 크게 났대. 엄마도 누가 우리 주현이 때려서 얼굴에 상처 내면 친구 엄마만큼 속상할 것 같아."하고 아이의 행동과 그에 따른 결과에 초점을 맞춰 이야기해야 한다.

그리고 비슷한 상황에서 아이가 해야 할 행동을 알려 주어야 한다. 대부분의 부모들은 아이를 야단칠 때는 무엇을 잘못했는지는 눈물이 쏙 빠지게 알려주지만 다음에 어떻게 해야 하는지에 대해서는 자세히 알려주지 않는다. "다음번에는 그러지마!"하고 대충 마무리되는 경우가 많다. 아이는 다음번에 친구를 때리지 않아야 하는 것은 알게 되지만 친구에게 화가 났을 때 친구를 때리는 것 대신에 할 수 있는 다른 행동에 대해서는 모르기 때문에 생각과는 달리 잘못된 행동을 반복하기가 쉽다.

아이와 함께 '그럼 다음에 또 친구에게 화나는 일이 생기면 어떻게 해야 하지?' 하고 고민해서 좋은 방법을 찾아야 한다. 일단 화가 난 상황을 피한다거나 숨을 크게 들이 쉬고 내 쉬는 것을 반복해서 마음을 안정시키는 것, 말로 화난 이유를 설명하는 것, 선생님께 말씀드려서 도움을 받는 것 등이 대안적인 행동의 예이다.

이렇게 아이와 이야기를 한 후에는 이야기의 내용을 아이가 잘 이해했는지 확인하고 마무리를 해야 한다. "알겠지?"하기 보다는 "우리가 이야기한 내용을 한번 정리해 볼까? 엄마가 화난 이유가 뭐라고 했지? 다음부터는 어떻게 하는 것이 좋다고 했니?"하고 구체적인 질문을 던지고 아이가 이해한 바를 확인해야 한다. 이때 주의할 것은 아이가 조목조목 논리적으로 말하지 못하더라도 화를 내지 말아야 한다는 것이다. 그렇찮아도 주눅들어 있는 아이에게 "엄마하고 이야기한 것을 요약해 봐."하는 것은 또 다른 벌이나 시험처럼 느껴지기 쉽다. 당황해서 말을 못할 수도 있고 어려서 제대로 이해 못할 수도 있다. 아이가 힘들어 할 때는 엄마가 대신 정리해 주고 아이의 이해를 도우면 된다.

소심한 아이

수업 시간에 몇 번이고 "저요, 저요."를 외치면서 손을 들고 발표하는 아이가 있는가 하면 선생님이랑 눈도 잘 안 마주치고 얌전히 앉아 있기만 하는 아이도 있다. 아이들끼리 놀이를 할 때도 놀이를 주도하고 이끄는 아이가 있는 반면 조용히 다른 사람의 말을 따르기만 하는 아이가 있다. 이것은 아이들마다 기질과 성격이 다르기 때문에 나타나는 차이이다. 때문에 아이를 문제 삼기보다는 기질을 인정해 주어야 한다.

하지만 아이가 지나치게 소심하다면 부모의 도움이 필요하다. 대체로 아이가 지나치게 소심한 경우 부모의 유형은 두 가지로 나뉜다. 부모 역시 지나치게 소심한 형이거나 반대로 부모가 매우 적극적이고 활달한 경우이다.

부모 역시 소심한 경우라면 아이의 소심함은 부모에게서 물려받았거나 부모의 행동을 보고 배운 것일 가능성이 높다. 소심한 부모는 아이가 어려서부터 자연스럽게 친구들이랑 어울릴 수 있는 기회를 주지 못한다. 이웃집 아줌마들과 허물없이 왕래를 하면서 수다 떠는 엄마의 아이들은 친구를 사귈 기회가 많기 때문에 다른 아이들과 서슴없이 어울리고 자기 표현도 편안하게 하기 쉽다. 하지만 소심한 엄마는 '혹시 다른 사람들에게 흠 잡힐 일이 생기지 않을까', '아이가 다른 사람에게 피해를 입히지 않을까' 하는 걱정 때문에 주변 사람들과 왕래를 자주 하지 않게 된다. 그래서 아이는 낯선 사람 앞에서 자연스럽게 자기 표현하는 방법을 배우지 못한다.

대체로 이런 부모들은 자신의 소심한 성격을 좋아하지 않기 때문에 아이 역시 소심한 것을 못마땅해 한다. 그래서 아이를 뜯어 고치려고 하기 쉽다. 소심한 성격 때문에 힘들었던 자신의 과거를 아이 역시 되풀이하는 것이 싫고 걱정되어서 아이에게 성격을 바꾸라고 강요하게 된다. "너는 왜 말을 똑 부러지게 못하니? 그럼 다른 사람들이 바보인 줄 알아. 그래도 좋아?" 하며 아이를 위협하거나 "내일은 무조건 손들고 발표하도록 해. 엄마가 선생님한테 전화해서 확인할 거야." 하며 아이에게 버거운 짐을 지운다.

이런 방법은 아이를 더 소심하게 만든다. 소심한 부모는 이제라도 자신의 소심함을 극복하고 사람들과 어울리기 위한 노력을 해야 한다. 엄마들 모임에도 적극적으로 나가고 다른 사람에게 먼저 전화를 해서 약속을 정하는 것과 같이 적극적인 엄마의 모습을 아이에게 자주 보여 주어야 한다. 이런 과정을 통해 아이는 엄마의 모습을 보고 적극적인 행동을 배울 수 있고, 또 엄마의 적극성 덕분에 사람들과 어울릴 기회를 더 많이 가져 사회성도 키울 수 있게 된다.

반대로 부모가 매우 적극적이고 활달한 경우에는 '조금 소심한 아이'도 '심각하게 소심한 아이'로 보이기 쉽다. 다른 사람이라면 '부끄럼이 많네' 하고 대수롭지 않게 넘어갈 행동도 적극적이고 활달한 부모에게는 '멍청하게' 보이기 때문이다. 이럴 때 아이에게 "바보 같이 왜 가만히 있어. 발표하는 게 뭐가 힘들다고."하고 타박을 하거나 "엄마 아빠는 안 그런데 너는 누굴 닮아서 그러냐? 도무지 이해가 안 된다."하며 무안을 주는 것은 아이에게 아무 도움이 안 된다.

부모 마음에는 안 들지만 장점이 될 수도 있는 아이의 행동에 초점을 맞추어서 인정을 해준 후에 적극성을 유도해야 한다. "너는 참 신중하고 사려 깊은 것 같아.", "엄마 같으면 바로 손들고 나갔다가 창피 당했을 텐데 너는 차분하게 고민한 후에 행동하는 것 같더라."하고 아이의 모습을 긍정한 후에 "이번에는 니가 처음에 해 보는 건 어때? 원래 처음에 해야 인상이 강하게 남거든." "어쩌면 미라는 니가 먼저 전화하길 바라고 있을지도 몰라. 항상 걔가 먼저 전화하고 스케줄 잡았었잖아."하고 아이에게 구체적인 행동 방법을 알려주는 것이 좋다.

고집 센 아이

아이들 중에는 유독 고집이 센 아이들이 있다. 한번 고집을 피우기 시작하면 아무리 달래고 야단을 쳐도 자기 고집을 꺾지 않는다. 어떤 아이들은 부모가 무심히 내뱉은 말을 약속이라고 믿고 부모가 그 약속을 지킬 때까지 조르기도 한다. "지난번에 할머니 집에 간다고 약속했잖아. 왜 약속을 안 지켜. 엄마는 거짓말쟁이야."라며 우기면, 지난번 약속이 오늘을 의미하는 것은 아니라거나, 할머니가 몸이 안 좋으셔서 오늘은 갈 수가 없다거나, 다른 이유 때문에 오늘 할머니 집에 갈 수 없다는 설명을 해도 막무가내로 고집을 피우는 것이다.

이런 아이들과 실랑이를 하게 되면 결국 부모가 고함을 지르거나 아이가 우는 것으로 결론나기 쉽다. 그러면 아이는 자신은 문제가 있는 사람, 부모를 괴롭히고 힘들게 하는 사람이라는 잘못된 인식을 갖게 되고, 낮은 자존감을 갖게 된다. 또 부모에 대한 원망과 분노가 쌓여 공격적으로 행동하기 쉽다.

고집 센 아이의 자존감을 향상시키기 위해서는 우선, 부모가 아이와의 기 싸움에 휘말리지 않아야 한다. 아이가 고집을 피울 때 부모들은 아이가 자신에게 반항이나 도전을 하는 것이라고 생각하기 쉽다. '감히 부모인 나에게 벌써부터 반항을 하다니'하는 생각이 들면 어떻게 해서든 아이의 기를 꺾어야 한다는 절박함을 느끼기 쉽다. 그래서 아이와 마찬가지로 고집을 피우며 '누가 이기나 보자' 하는 심정으로 대립을 하게 된다. 부모도 소리를 지르고 화를 내며 아이를 꺾으려 한다. 또 아이를 이기기 위해 체벌, 위협, 용돈 안 주기, 밥 굶기기 등의 극단적인 방법을 동원하기도 한다. 이런 방법으로 그 순간에는 아이를 잠시 굴복시킬 수 있지만 부모의 권위는 사라지고 아이는 자존감에 손상을 입게 된다. 아이는 부모를 자신보다 큰 '어른'이 아니라 치사하고 용졸한 사람으로 생각하며 분노를 키우게 된다.

아이가 고집을 피우며 말도 안 되는 논리로 대들 때, 부모는 그 상황에 휘둘리지 않고 쳐다볼 수 있는 여유를 가져야 한다. 아이가 소리를 빽빽 질러대면서 부모를 비난하거나 공격적인 행동을 보여도 아이는 아이일 뿐 부모가 아니라는 점을 부모 스스로에게도 그리고 아이에게도 상기시켜야 한다. 그리고 최대한 감정을 섞지 않고 단호하고 엄격한 태도를 취해야 한다.

아이가 공격적인 행동으로 고집을 피우는 경우에는, 우선 팔을 잡거나 몸을 고정시켜서 행동을 제지해야 한다. 그리고 아이의 눈을 똑바로 쳐다보며 단호한 말투로 "엄마가 지금은 안 된다고 분명히 말했어. 지금

너는 안 되는 걸 요구하면서 고집을 피우고 있는 거고. 지금은 너랑 대화가 안 되니 일단 방에 들어가서 기분이 좀 풀리면 나오도록 해."하고 방으로 데리고 가서 문을 닫아 주는 것이 좋다. 만일 아이가 겁을 먹고 방에 들어가는 것 자체를 공포스러워 하거나 방에서 나오려고 발버둥 치면, 여전히 단호한 태도를 취하되, 문을 열어 둔 채 방에 있게 하거나, 거실 등 오픈된 공간의 한쪽 구석에 서 있게 하는 융통성을 발휘하는 것이 좋다. 단, 이 과정에서 아이로 하여금 부모가 자신보다 힘이 더 센 사람, 윗사람이라는 것을 상기시킬 수 있어야 한다.

그리고 부모가 보다 확실히 더 센 사람, 윗사람이라는 것을 알려 주려면 아이의 고집스러운 행동 이면에 깔린 아이의 욕구를 찾아 읽어줄 수 있어야 한다. 아이가 고집을 부릴 때는 고집 이면에 깔려 있는 마음이 있다. 앞에서 언급한 것처럼, 아이가 화를 내고 고집을 피우는 것은 자신에게 중요한 어떤 욕구가 좌절되었기 때문이다. 아이가 고집을 피울 때 부모가 그것에 맞서는 것이 아니라 한 수 위에서 내려다보며 '네 마음이 이거지?'하고 짚어 주면 아이는 부모를 자신의 윗사람으로 생각하고 부모의 권위를 인정하게 된다.

"할머니 집에 가서 신나게 TV도 보고 게임도 하고 싶었을 텐데 그렇게 못하게 돼서 화가 났지?" 혹은 "할머니가 많이 보고 싶을 거야. 엄마도 네가 할머니를 얼마나 좋아하는지 잘 알아. 오랜만에 할머니 만날 생각에 들떴을 텐데 오늘 할머니 댁에 못 간다고 하니 얼마나 실망이 됐겠어." 하며 아이의 마음을 읽어 주면 아이는 부모가 자신의 마음까지 읽어낼 수 있는 유능한 사람이라는 것을 알게 된다. 그러니 고집 피우는 아이를 힘으로 누른 후에 부모는 아이의 마음을 읽고 그 마음을 공감해 주어야 한다.

마지막으로 고집이 센 아이에게는 타협과 협상의 기술을 가르쳐야 한다. 부모가 아이와 대화하고 협상하는 과정을 통해, 아이는 상대가 서로 일정 부분 양보함으로써 모두가 어느 정도 만족할 만한 결론에 이를 수 있다는 것을 배우게 된다. "오늘은 할머니 댁에 못 가지만, 대신 오늘 하루는 할머니 집에서처럼 TV를 볼 수 있게 해 줄게. 네가 보고 싶은 프로그램 2개를 골라 봐." 혹은 "할머니께 우선 전화라도 드리면 어떨까? 전화로라도 그리움을 좀 달래고, 이번 토요일엔 꼭 가도록 하자. 토요일엔 아침 먹자 마자 바로 출발, 어때?" 하며 아이의 좌절된 욕구를 어느 정도 보상해 주는 것이다.

중요한 것은 이런 타협안을 부모가 일방적으로 제시하는 것이 아니라, 아이의 좌절된 욕구를 읽어주는 과정 속에서 "오늘은 네가 어떤 행동을 해도 할머니 집에 갈 수가 없어. 이건 분명해. 할머니 집에 갈 수 없는 대신 엄마가 뭘 해주면 기분이 나아질지 생각해 봐."와 같은 대화를 통해 아이가 자신이 원하는 것을 생각해 보고 결정할 수 있게 하는 것이 좋다. "할머니 집에서처럼 하루 종일 TV 볼래!" 하면 "그건 곤란해. 엄마는 네가 할머니 집에서 TV 너무 많이 보는 것 마음에 안 들었는데 참고 있었어. 대신 오늘은 2개까지는 허락해 줄게. 뭘 볼지는 네가 결정해도 좋아."하며 타협을 해 나가는 것이다.

'끝까지 고집을 부렸더니 원하는 것을 얻게 되더라.'는 경험이 많으면 많을수록 아이의 고집은 늘어간다. 그리고 이런 성품은 대인관계에서 마찰을 일으킬 수밖에 없고 그만큼 자존감은 낮아지게 된다. 평소 아이에게 해도 되는 것과 안 되는 것 간의 경계를 명확히 하고, 고집이 아닌 합리적 주장으로 자기 의견을 내세우도록 가르치는 것이 필요한 이유이다.

거짓말 많이 하는 아이

아이들은 눈에 뻔히 보이는 거짓말을 자주 한다. 먹기 싫은 반찬이 나오면 배가 부르다고 거짓말하기도 하고, 받지도 않은 칭찬을 받았다며 엄마한테 자랑하기도 하고, 엄마가 없는 동안 게임을 하고도 안 했다고 시침을 떼기도 한다. 아이가 커갈수록 더 그럴듯한 거짓말을 만들어 내기도 하지만 그래도 대부분의 거짓말은 부모에게 들키게 되어 있다.

한 연구에 따르면 현대인은 하루 평균 세 번의 거짓말을 한다고 한다. 그렇다면 한 달이면 백 번 가까이, 일 년이면 천 번이 넘는 거짓말을 하며 산다는 의미이다. 아이들뿐만 아니라 어른들도 누구나 크고 작은 거짓말을 의도적으로 혹은 의도치 않게 하며 사는 것이다.

사람들이 이렇게 거짓말을 하는 이유는 무엇일까? 사람들이 거짓말을 하는 이유는 크게 세 가지라고 한다.

첫째는 자신을 방어하기 위해서이다. 누군가 자신을 공격해 오면, 그 공격을 피하기 위한 수단으로 거짓말을 사용하는 것이다. 엄마가 잔뜩

화난 목소리로 "숙제 했니?" 물어 볼 때, 안 했다고 하면 자신에게 쏟아질 잔소리와 비난을 피하고자, "숙제 없는데……." 하며 거짓말 하는 경우이다.

둘째는 자신의 이익을 위해서이다. 자신이 원하는 것을 얻는 수단으로 거짓말을 사용하는 것이다. 학교에 빠지기 위해 배가 아픈 시늉을 한다거나, 장난감을 얻어내기 위해 일부러 우는 시늉을 하는 것이 대표적인 경우이다.

셋째는 다른 사람을 배려하기 위해서이다. 이런 거짓말은 선의의 거짓말로 분류되어 '하얀 거짓말'이라고도 말한다. 못 생겼다고 말하면 상대가 상처받을 것을 고려하여 '귀엽다'거나 '개성있다'고 말하는 경우이다.

자존감이 낮은 아이들은 자기 방어용 거짓말을 많이 한다. 엄마가 "왜 아직도 숙제를 안 한거니?"라고 물었을 때 자존감이 높은 아이는 "오늘 비가 왔잖아. 비 맞은 게 찜찜해서 샤워하고 나니까 피곤해서 낮잠을 자는 바람에……." 하며 다른 사람한테는 핑계로 들릴지라도 자신에게는 설득력 있는 무언가를 이야기한다. 혹은 "이제 하려고 했어. 금방 끝낼 수 있어.", "내일 아침 일찍 일어나면 돼."하며, 어떻게든 자기가 해야 할 일은 알아서 할 테니 공연히 잔소리로 시간 낭비하지 말라는 듯이 당당하게 행동한다.

하지만 자존감이 낮은 아이는 자신의 잘못을 지나치게 크게 생각하고 야단맞는 상황에 대한 과도한 불안을 느껴서 제대로 대응하지 못하게 된다. 그리고 순간의 위기를 모면하고자 자리를 급히 떠나거나 거짓말을 해 버리게 되는 것이다. 이들은 어떻게든 혼나지 않을 상황을 만들기 위해 거짓말을 하는 것이다. 자신이 한 행동 중 잘못한 부분이 있으면 응당의 책임을 지겠다는 마음보다는 잘못한 행동이든 잘못하지 않은 행동이든 비난받을 것 같으면 일단 피하고 보자는 마음이 더 큰 것이다.

자기 방어용 거짓말은 낮은 자존감의 결과이기도 하지만, 또한 자존감을 떨어뜨리는 원인이 되기도 한다. 순간을 모면하기 위해 거짓말을 반복하다 보면 운 좋게 한두 번 거짓말을 통해 이득을 취하게 되고, 그러다 보면 위기 상황에서의 유용한 문제 해결 능력을 습득하지 못하고 적당히 위기를 피해 가는 요령만 터득하게 되는 것이다. 그러니 아이가 자신의 책임을 회피하기 위해 거짓말을 하는 경우, 그 잘못을 알려주고 뉘우치도록 해야 자존감을 높일 수 있다.

아이가 거짓말을 한 상황에서는 먼저 침착한 태도로 부모의 화나고 당황스러운 마음을 전달하는 것이 좋다. "도대체 왜 거짓말을 하는 거야? 엄마가 다 알고 있는데 어디 거짓말을 하고 있어! 제대로 한번 맞아봐야 바른말을 할 거야!" 하며 감정적으로 대응하지 않아야 한다. "엄마가 문여는 순간 컴퓨터 끄는 소리 다 들었어. 컴퓨터 본체가 뜨거운 걸 봐도 알 수 있어."하며 처음부터 아이와 논리 싸움을 하는 것도 옳지 않다. 엄마가 흥분해서 소리부터 지르거나 논리적으로 따지게 되면 아이에게 거짓말한 행동이 왜 잘못되었고 앞으로 어떻게 행동해야 하는지를 가르쳐줄 기회를 잃고 만다.

아이를 몰아 세우면 아이는 자신을 방어하기 위해 "게임한 게 아니라 숙제 한 거야! 선생님이 인터넷으로 찾아오라고 했다고!"하며 또 다른 거 짓말을 덧붙이기도 한다. 혹은 "형이 더 많이 했어. 엄마 나가자마자 형 이 계속 게임해서 나는 할 수도 없었다구! 나는 딱 10분 밖에 안 했는데 왜 나만 가지고 그래!"하며 억울함을 호소하기도 한다. 아이를 코너로 몰 면 아이는 스스로 반성할 마음의 여유를 갖지 못하고 또 다른 거짓말을 하거나 다른 사람을 핑계 삼게 되는 것이다.

엄마는 아이와 대등한 입장에서 감정이나 논리에 휘말리기보다는 아 이의 모든 행동과 그 안에 숨은 마음(의도)을 알고 있는 어른의 입장에서 대응해야 한다. 그러기 위해서는 침착해야 한다. 단호하고 낮은 목소리로 "엄마가 나간 사이에 게임했다는 것을 알아. 그런데도 너는 게임을 하지 않았다고 거짓말을 하고 있어. 네가 거짓말하는걸 보니까 엄마는 당황스 럽기도 하고 화도 나." 하면서 엄마의 불편함 마음을 전하면 된다.

그런 후에는 아이에게 상황을 설명할 기회를 주어야 한다. "엄마는 네 가 거짓말을 한 데는 그만한 이유가 있을 거라고 생각해. 어떤 이유에서 거짓말을 했는지 이야기해 봐."하면 된다. "어디 입이 있으면 말을 해 봐. 이게 도대체 몇 번째야!"하며 아이를 몰아치는 상황을 만들어서는 안 된 다. 야단을 치더라도 아이가 자신의 입장에서 충분히 설명하고 해명할 기회를 준 후에 야단을 쳐야 한다. 그래야 아이도 억울한 마음 없이 자신 의 잘못을 뉘우칠 수 있다. 아이가 이야기를 하는 동안에는 가능한 말을 중간에 자르지 않고 끝까지 들어주는 것이 좋다.

아이의 해명이 있은 후에는 부모가 아이의 잘못한 행동을 구체적으로 알려 주어야 한다. 게임을 하지 않겠다고 한 약속을 어긴 행동과 그것을 감추기 위해 거짓말을 한 행동에 초점을 맞추어 야단을 치는 것이다. 야단을 칠 때는 아이 자체가 아니라 아이가 한 행동에 초점을 맞추어야 한다. “너 때문에 내가 못살아.”는 아이 전체를 비난하는 것이고 “당장 혼나는 것을 피하려고 엄마를 속이는 것은 나쁜 행동이야.”는 아이의 행동만을 비난하는 것이다. 아이의 설명을 들은 후 아이의 입장이 이해가 된다 하더라도 잘못한 행동은 분명히 알려 주어야 한다. 그리고 잘못한 행동에 합당한 벌을 주어야 한다.

마지막으로 앞으로 비슷한 상황에서 어떻게 하는 것이 옳은지 구체적으로 알려준다. 게임하고 싶은 마음을 누르지 못하고 게임을 했다면 엄마가 들어왔을 때 얼른 죄송하다고 하고 대신 밀린 숙제를 우선 하겠다고 말한다거나 순간 당황해서 거짓말을 했더라도 얼른 잘못을 인정하고 용서를 구하는 것이 감추고 변명하는 것보다 낫다는 것을 설명하는 것이다.

중요한 것은 이런 상황에서 부모가 혹시 아이로 하여금 거짓말을 계속할 수밖에 없는 상황으로 아이를 몰아넣고 있는 것은 아닌지 생각해 보아야 한다는 것이다. 게임을 조절할 능력이 없거나 평소 자신의 게임 시간이 터무니없이 적다고 느끼는 아이라면 부모가 집을 비운 사이에 게임의 유혹을 이기지 못하게 되고 자연히 거짓말을 하게 된다. 이런 경우 게임 시간에 대한 규칙을 아이와 함께 다시 만들어서 현실적으로 지킬 수 있는 약속을 하도록 해야 한다. 혹은 게임 시간 제한용 소프트웨어나 기계 등을 이용해서 자동 제어가 되도록 할 수도 있다.

잘 우는 아이

사람들은 많이 아프거나 서럽거나 불안하거나 화가 날 때 울음으로 그 감정으로 표현한다. 가끔은 매우 기쁜 상황에서도 눈물을 흘리지만, 대부분 울음은 자신이 감당하기 힘든 감정을 말 대신 표현하는 수단으로 활용된다.

만 3세 이전의 아이들은 미성숙한 정서와 언어 발달로 인해 자주, 많이 운다. 자신의 아프거나 화난 상황을 말로 전달하기 힘들기 때문에 우선 울음으로 주변 사람들에게 도움을 청하는 것이다. 그러니 이 시기의 울음은 매우 자연스러운 것이다.

하지만 언어로 자신을 표현할 수 있는 아이가 원하는 것을 얻기 위해 혹은 불만을 표현하기 위해 울음을 이용한다면, 이 울음은 낮은 자존감의 결과이자, 자존감을 낮게 만드는 원인이 되기도 한다. 나이가 아무리 많은 사람이라도 정말 슬프거나 아플 때는 우는 것이 당연하고 이 경우에는 주변에서 따뜻하게 반응하며 위로해 주어야 하지만, 만약 아이가 울음을 이용하여 다른 사람을 조정하거나 원하는 것을 얻으려고 한다면, 울음에 반응해 주지 않는 것이 필요하다. 부모가 아이의 울음에 반응해 주면 아이는 건강한 문제 해결 능력을 키울 기회를 잃게 되기 때문이다.

일반적으로 아이들이 울음을 통해 얻을 수 있는 것은 크게 세 가지이다. 첫째, 울음을 통해 원하는 대상으로부터 관심을 끌 수 있다. 부모로부터 관심과 애정을 충분히 못 받았다고 느끼는 아이일수록 관심끌기용 울음을 자주 사용한다. 조금 화가 나도 엄청 화가 난 것처럼 과장해서 말하면서 울음을 함께 터뜨리고, 조금 서러운 것도 서러워 죽을 것 같은 표정을 지으며 눈물을 흘려서 주변 사람들의 관심을 끄는 것이다. 아이들은 부모와의 상호 작용 경험을 통해 이렇게 과장을 해야만 원하는 반응을 얻을 수 있다는 것을 알게 되었고, 이런 경우 습관적으로 자신의 감정을 과장해서 울음과 함께 표현하게 된다.

둘째, 울음을 통해 자신에게 주어진 책임을 회피하고 방어할 수 있다. 충분히 혼자 할 수 있는 일도 못하겠다며 울거나 하기 싫은 일을 시키면 울어 버리는 경우에 해당한다. 보통 아이가 울면 부모는 당황스럽기도 하고 시끄럽기도 해서 "그래 알았어. 그럼 이번엔 봐 줄게." 하며 아이의 책임을 면제시켜 주는데, 이 경우 아이들은 울음을 책임 회피용으로 더 잘 활용하게 된다. 특히 의존적인 아이들은 책임 회피를 위한 울음을 통해 타인의 도움을 얻으려 하는 경향이 심한데, 이것이 반복되다 보면 혼자서 할 수 있는 일도 타인에게 도움받고 싶어 하고, 혼자 무언가를 해야 하는 상황에서 필요 이상의 불안을 느껴, 결국 더욱 의존적인 성향을 갖게 된다.

셋째, 울음을 통해 원하는 것을 수월하게 얻을 수 있다. 말로 장황하게 설명하는 것보다 한번 크게 울어 버리면 원하는 장난감이나 음식을 얻을 수 있다는 것을 알게 되면 아이들은 울음을 활용하게 된다. "안 돼" 하고 단호하게 말했던 부모가 아이의 우는 모습에 "이번 한 번 만이야. 이번이 마지막이야."하며 원하는 것을 손에 쥐어 주면 다음번에는 엄마 입에서 "안 돼" 소리가 나오자마자 울음을 터트리게 된다. 고집이 센 아이들일수록 부모와의 기싸움에서 지지 않기 위해 원하는 것을 얻을 때까지 소리 높여 울며 부모를 압도하는 경우가 많다.

만 4세 이후의 아이가 정말 아프거나 슬퍼서가 아니라 관심 끌기, 책임 회피, 요구 관철 등을 위해 운다는 것이 확실한 상황에서는, 부모나 교사는 울음에 반응을 안 해 주는 것이 가장 좋다. 왜 우는지 아이에게 물어 보고 아이의 이야기를 들어 주되, 길게 들어 줄 필요는 없다. 어차피 아이도 우느라 말을 잘 하지 못한다.

아이의 이야기를 간단하게 듣거나 우는 이유에 대해 부모가 요약을 해준 후에 "친구한테 장난감을 돌려달라고 말하면 될 일로 울고 있구나. 울 필요까지는 없어. 울음을 그치고 말로 표현해 봐."하고 단호하게 말하는 것이 좋다. 그래도 아이가 계속 운다면, 우는 행동에 관심을 기울이지 않고 혼자 울도록 내버려 두어야 한다. 부모가 아이의 울음에 휘둘리지 않기 위해서는 "다 울고 나서 이야기 하자." 하고 아이가 우는 공간에서 벗어 나 있는 것이 좋다. 아이가 울음을 그친 후에는 "엄마는 네가 충분히 말로 할 수 있는 것을 말하지 않고, 울기부터 해서 화가 났어. 울면 엄마가 네가 원하는 것을 다 들어줄 거라고 생각하고 더 심하게 우는 것 같기도 하더라. 그래서 엄마는 오늘처럼 앞으로도 네가 이런 상황에서 울 때 널 달래주지 않을 거야." 하고 울음에 대한 부모의 입장을 전달할 수 있다.

울 때마다 부모가 달래주거나 아이가 원하는 대로 해 주었다면 부모의 이런 갑작스러운 변화에 아이들은 크게 당황하고 더 크게, 더 자주 울기도 한다. 변화에 대한 저항인 것이다. 그래도 부모는 일관성 있고 단호하게 울음에 대한 반응을 멈추어야 한다. 이런 울음에 부모가 반응해주고 아이의 목적을 충족시켜 주면 아이는 모든 일을 울음으로 해결하려 하며 습관적으로 울게 된다. 또 감정을 과장해서 표현하는데 익숙해져서 솔직하고 편안하게 자기 감정을 인식하고 전달하는 능력이 더디게 발달하게 된다.

또한 울음에 대한 반응을 멈추되, 울지 않고 말로 표현할 때 이것을 칭찬하고 아이가 원하는 바를 일부라도 충족시켜주는 것이 좋다. 울음이 아니어도 부모의 관심을 끌 수 있고, 이유를 설명하면 어렵거나 하기 싫은 일을 줄여 주기도 하고, 원하는 것을 주기도 할 때 아이들은 울음 대신 말을 선택하게 된다. 울음이 아니라 자신의 언어로 당당하게 원하는 것을 요구하고 얻어낼 때 아이의 자존감은 높아지게 된다.

self-esteem education

부모의 자존감, 자녀의 자존감

부모가 낮은 자존감을 가진 채로 아이를 키우면 아이 또한 낮은 자존감을 형성하게 된다. 따라서 자녀의 자존감을 높이기 위해서는 부모 역시 자신의 자존감을 높이기 위한 노력을 함께 해야 한다. 자녀 양육에 있어 무엇을 허용하고 무엇을 통제할지를 정하는 것은 부모 자신의 철학과 원칙에 기반한 선택과 의지이다. 허용의 정도와 범위에 대해 부모가 원칙을 정하여 일관성 있게 적용하여야 한다.

자녀의 자존감 교육법에 대해 이야기를 하면서 부모의 자존감 이야기를 하지 않을 수가 없다. 자존감은 대물림되기 때문이다. 부모가 낮은 자존감을 가진 채로 아이를 키우다 보면 부모로서의 자기 자신의 가치와 능력에 대해 확신을 갖지 못하게 된다. 그러니 소신있는 양육을 하지 못하고 다른 사람의 말이나 시류에 휘둘리며 갈팡질팡하기 쉽다.

그리고 자존감이 낮은 부모는 다른 사람들의 눈에 비치는 아이의 모습에 지나치게 신경을 쓰다 보니 아이의 사소한 잘못이나 실수에 과민하게 반응하고 불안을 느끼게 된다. 부모가 아이의 가치와 능력을 인정하지 못하고 불안해 하니, 아이가 자기 자신을 믿지 못하고 낮은 자존감을 형성하는 것은 너무 당연한 결과이다.

그러니 자녀의 자존감을 높이기 위해서는 부모 역시 자신의 자존감을 높이기 위한 노력을 함께 해야 한다. 부모가 낮은 자존감을 유지한 채로 아이에게 자신의 가치와 능력에 대한 믿음을 심어줄 수 없기 때문이다.

자존감 낮은 부모의 유형

자존감이 낮은 부모는 앞에서 살펴본 자존감이 낮은 사람의 특성을 그대로 나타낸다. 아이를 키우는 장면에서 이들이 보이는 두드러진 특성을 유형별로 살펴보면 다음과 같다.

자기 감추기 유형

자존감이 낮은 부모 중 자기 감추기 유형의 부모는 다른 학부모나 교사와 만나고 소통하는 것을 불편하게 여기고 피한다. 아이를 키우다 보면 학부모들 사이에 자연스럽게 섞여서 정보도 나누고 축구나 영어 같은 소그룹 프로그램에 아이를 끼워넣어야 하는 경우가 있는데, 자존감이 낮은 부모는 이런 교류를 매우 불편하게 여긴다. 그래서 아이 키우는데 필요한 정보에서도 소외되고, 아이 역시 학급이나 그룹 내에서 겉돌게 되기 쉽다.

표면적으로는 부모들끼리 모여서 수다나 떨면서 시간 보내는 것이 아깝게 생각되거나 부모들 사이에서 소소한 갈등이 생기고 뒷말이 나오는 것이 싫어서 학부모 모임에 참여하지 않는 듯이 보이기도 하지만, 더 깊숙이 들여다보면 부모로서 자신이 가진 부족한 부분을 다른 부모들이 눈치챌까 두려워 관계 자체를 단절하는 경우가 많다.

학기 초에 담임선생님과 면담을 해야 하거나 아이 문제로 담임선생님과 의논할 일이 생겨도 그 자리를 불편하게 여겨 피하려 한다. 학원 선생님이나 학습지 선생님과의 대화는 조금 덜 불편하지만 그래도 적극적으로 그들과 교류하며 아이와 관련된 대화를 하기 보다는 그들이 알아서 하도록 내버려 둔다. 그러다 보니 아이를 이해하는 폭이 좁아지고, 시의적절하게 아이에게 필요한 도움을 주지 못해 작은 문제를 큰 문제로 키우기도 한다.

또 다른 사람의 눈에 비치는 아이의 행동이나 모습에 과도하게 신경 쓰고 혹시라도 남들 눈에 안 좋게 보일까 노심초사한다. 공개수업이나 참여수업에서도 아이를 살피는 것이 아니라 아이를 바라보는 다른 학부모의 눈치를 살피며 불안해한다. 아이에게 남들 앞에서 매우 예의 바르고 똑똑하게 행동할 것을 요구하고 그렇지 못했을 때는 과도하게 화를 내며 야단을 친다. 때문에 아이는 사람들 앞에서 눈치를 많이 살피게 되고 자연스럽게 자기 욕구를 표현하기 보다는 욕구를 억압하거나 부정하게 된다. 이런 과정에서 아이는 있는 그대로의 자기를 편안하게 받아들이지 못하고 낮은 자존감을 갖게 된다.

자기 낮추기 유형

자존감이 낮은 부모 중 자기 낮추기 유형의 부모는, 부모인 자신에게 주어진 역할이나 책임을 부담스럽게 느낀다. 그래서 자신은 좋은 부모가 될 자신이 없다고 생각하며 다른 사람에게 의존적인 태도로 아이를 키우게 된다. 이들은 자기보다 아이를 더 잘 돌보는 시어머니나 친정어머니, 혹은 남편에게 아이를 맡기고 아이와 관련된 중요한 의사결정을 그들에게 떠넘기기도 한다. 때로는 다른 사람의 의견과 자신의 생각이 달라도 자기보다는 다른 사람이 훨씬 더 나은 결정을 할 것이라고 기대하고 자기주장을 하지 않는다.

아이 문제로 학교에 찾아가야 할 때도 자신을 대리할 다른 사람을 동반하거나 대신 보내서 그들이 나서서 자기 대신 문제를 해결해 주기를 바란다. 무서운 것이 나타났을 때 엄마 뒤로 숨는 어린아이처럼 다른 사람 뒤에 숨어서 상황을 지켜보기만 하는 것이다. 그러다 보니 부모 역할을 하면서 스스로 결정하고 행동하며 책임지는 과정을 통해서 시행착오를 겪기도 하고 성취감을 느끼기도 하는 기회 자체가 적어 육아나 교육과 관련된 자존감이 더 낮아지게 된다.

자존감이 낮은 부모는 학부모들과의 관계에서도 자기 자신을 낮추고, 덩달아 자신의 아이도 낮춘다. "저는 잘 몰라요. 결정되는 대로 따를 게요.", "우리 아이는 그런 것 못해요.", "우리 아이가 부족한 게 많아요." 하며 소극적으로 관계를 맺고, 그런 부족한 자신과 아이를 받아주는 사람들에게 과도하게 친절을 베풀고 자기 것을 내어 준다.

또한 이들은 다른 부모는 유능해서 아이를 잘 키우는데 반해 자기는 제대로 하는 게 없다고 생각해서 자기 결정에 확신을 갖지 못하고 다른 사람의 말에 쉽게 동조한다. 아이의 흥미나 학습 능력을 고려하지 않고 다른 학부모가 좋다고 하는 학원에 보내기도 하고, 다른 아이들이 가지고 있다는 이유만으로 아이에게 필요도 없는 물건을 사주기도 한다. 그리고 는 '유능한 엄마'의 다른 아이들만큼 잘하거나 즐거워하지 않는 아이를 비난하며 속상해하니 아이의 자존감이 낮아지는 것은 당연할 결과이다.

아이가 무엇을 잘해도 은연중에 '내 아이만 어떻게 잘할 수 있겠어. 남들도 다 잘하는 거겠지.' 생각하며 아이의 능력을 낮게 평가하고, 다른 아이들도 어려워하고 잘 못하는 것도 '우리 아이만 못하나 보다. 나를 닮아서 그런 건가?' 하며 과도하게 불안해한다. 그러다 보니 아이 역시도 자신의 능력을 확신하지 못하고 자신이 무언가를 잘했을 때는 "운이 좋았어요.", "다른 아이들도 잘했어요. 문제가 쉬웠거든요." 하며 외부 귀인을 하고, 잘 못했을 때는 "어쩔 수 없어요. 저는 원래 이런 것 못해요." 하며 자기 능력 탓을 하면서 낮은 자존감의 대를 잇게 된다.

자기 과장하기 유형

자존감이 낮은 부모는 있는 그대로의 자기 모습을 사람들이 알면 자신을 무시할 것이라고 생각한다. 그래서 실제 자기보다 과장해서 자기를 드러낸다. 사람들에게 과시하기 위해 소득에 비해 과한 소비를 하고, 아이에게도 유명 브랜드 옷만 입히기도 한다. 학부모 모임에 나가기 전에는 외적으로 드러나는 자기 모습에 신경을 많이 쓰고, 아는 척 있는 척하며 나서기를 좋아한다.

유명한 어떤 사람이랑 친하다거나, 친척 중에 사회 경제적 지위가 높은 사람이 있다는 등의 이야기를 하면서 인맥을 과시하고 자기 자랑도 많이 한다. 아이에 대해서도 실제보다 부풀려서 이야기하며 아이 자랑을 많이 한다. 자기 자랑이 여의치 않은 상황에서는 다른 사람의 부족한 점이나 안 좋은 모습을 부각시켜서라도 자신이 상대적으로 우위에 있다는 것을 보여 주려 한다. 그러다 보니 이들은 관계 초반에는 다른 학부모들에게 쾌활하고 적극적이며 능력 있는 부모로 보여 인기를 얻기도 하고 주도권도 갖지만, 점점 관계가 지속될수록 과장이 심하고 다른 사람 험담을 많이 하는 불편한 학부모로 인식되기 쉽다.

또한 이들은 아이에게도 간섭이 심하고 요구가 많다. 아이에게도 자기만큼 적극적으로 자신을 알리고 친구들 사이에서 주도권을 잡기를 바라는데, 아이가 그렇게 못할 경우 부모가 대신 나서서 아이들 간의 관계까지 조정하려 애쓰기도 한다. 소위 말하는 치맛바람을 일으켜 아이 띄우기에 나서는 것이다.

이런 유형의 학부모는 교사와의 관계에서도 기싸움을 벌이는 경우가 많다. 교사가 다른 학부모에 비해 자신과 더 돈독한 관계를 맺기 바라고 자신을 특별 대우해 주기를 바라는데 교사가 이에 응하지 않으면 자신의 힘을 과시하며 교사를 누르려 하는 것이다. 또 교사가 아이의 부족한 부분이나 가정에서의 지도가 필요한 부분을 이야기할 때 자신을 무시하는 것으로 해석해 매우 불쾌해 한다. 그래서 다른 학부모들에게 교사에 대한 안 좋은 소문을 퍼뜨리기도 하고 윗사람을 이용해 교사에게 압력을 가하기도 한다.

이들은 얼핏 보면 자존감이 높아 보이고 스스로도 자기 자신을 능력 있는 사람으로 생각하는 경우가 많다. 하지만 사실은 자존감이 매우 낮다. 정말 자신의 가치와 능력에 확신이 있는 사람은 그걸 드러내려고 애쓰지 않는데, 이들은 내적 확신이 없기 때문에 다른 사람을 통해 확인받고자 하는 것이다.

허용적 부모와
통제적 부모의 한계

자존감의 중요성이 강조되면서, 엄격하고 통제적인 부모의 양육 방식에 대한 비난이 높아졌었다. 부모가 자녀에게 지나치게 높은 기준을 제시하고 많은 것을 강요하게 되면, 아이는 있는 그대로의 자기를 사랑하고 자신의 능력을 긍정적으로 생각하기 보다는, 자신의 가치를 의심하고 자신의 능력을 평가절하하여 낮은 자존감을 갖게 된다는 연구 결과들이 발표되었기 때문이다. 그래서 이런 연구 결과들을 근거로 교육 전문가들은 부모에게 아이를 통제하고 야단치면 자존감이 낮아지니, 많은 것을 허용하고 칭찬해 주어야 함을 강조했었다. 또 아이에게 무언가를 억지로 시키지 말고 좋아하는 것을 하도록 내버려 두라고 했었다.

그런데 허용적인 부모가 자녀의 자존감을 높이는 것이 아니라, 오히려 자녀에게 높은 기준을 제시하고 엄격한 규칙을 강조하는 통제적인 부모가 자녀의 자존감을 더 높인다는 주장을 하는 연구들도 등장하기 시작했다. 이런 연구들은 부모가 경계를 제시하지 않고 모든 것을 허용할 때 오히려 더 낮은 자존감을 갖게 된다고 주장하였다. 부모가 엄격한 구조를 제공할 때 자녀는 심리적 안정감을 느끼게 되고, 부모가 만든 기준과 규칙 안에서 자율성을 획득하고자 노력하는 과정을 통해 능력을 발달시킬 수 있기 때문에 더 높은 자존감을 갖게 된다는 것이다.

이들은 아이에게 높은 자존감을 심어주려면 아이가 기준에 도달하지 못했을 때는 야단도 치고, 아이가 하기 싫어하는 것도 부모가 필요하다고 판단하면 억지로라도 시켜야 한다고 주장한다. 잘하건 못하건 칭찬만 듣고, 좋아하는 것만 하며 자란 아이는 경쟁과 비교를 통해 냉정하게 자기를 평가받아야 하는 실제 상황에서는 성공 경험을 할 가능성이 낮아지기 때문에 자존감이 오히려 떨어질 수밖에 없다는 것이다.

양쪽 모두 설득력 있는 주장이다. 지나치게 허용적인 부모는 아이에게 해도 되는 것과 해서는 안 되는 것, 반드시 해야 하는 것과 하기 싫으면 안 해도 되는 것 등에 대한 기준을 제시하지 않기 때문에 아이는 행동의 경계를 모르고, 자기 조절 능력을 키우지 못하게 된다. 그래서 자기중심적인 성향을 갖기 쉽고 주어진 일에 오랜 시간 끈기 있게 몰두하여 완성하는 모습을 덜 보이게 된다. 반면, 지나치게 통제적인 부모는 아이에게 과한 기준과 많은 규칙을 강요하기 때문에 아이는 자율성을 기르지 못하고, 자신의 욕구를 억압하며, 자신을 불신하게 된다. 적당한 허용과 통제를 통해 유연한 구조를 만들어 주어야 아이는 그 범위 안에서 자신을 표현하고 실험하며 자율성과 자신감을 형성하게 되는 것이다.

문제는 '적당한 허용과 통제의 기준이 무엇이냐'이다. 권위 있는 전문가가 '여기까지는 괜찮고 이 선을 넘어가면 문제다.'라고 그 기준을 명확히 제시해주면 좋겠지만, 안타깝게도 그런 기준은 사람마다 다를 수밖에 없다. 아이의 기질, 성격, 흥미, 적성이 다 다르고 부모의 성향과 상황도 제각각이기 때문에 모든 사람에게 적용되는 기준이란 있을 수가 없다.

자녀 양육과 교육은 무엇보다도 부모가 가진 교육 철학과 원칙에 따라 이루어져야 하며, 철학과 원칙에 기반하여 무엇을 허용하고 무엇을 통제할지를 정하는 것이기 때문에 부모 자신의 선택과 의지가 가장 중요하다. 예를 들어 어떤 부모는 밥을 먹을 때 가족들이 편안하게 이야기를 나누는 것이 좋고, 배가 고프지 않으면 덜 먹거나 나중에 먹게 하는 것도 나쁘지 않다고 생각하지만, 또 다른 부모는 밥을 먹을 때 입에 음식이 있는 상태에서 말을 하는 것보다는 가급적 조용히 먹는 것이 좋고, 배가 고프지 않더라고 규칙적으로 같은 시간에 비슷한 양의 음식을 먹는 습관을 들여 주는 것이 좋다고 생각할 수 있다. 어느 쪽이 더 좋다거나 더 나쁘다 할 수 없는 것이다. 부모 나름 그런 생각을 갖는 데는 이유가 있고, 어느 쪽이든 그것 자체가 아이에게 치명적으로 나쁜 결과를 초래하지는 않을 것이기 때문이다. 부모가 판단하기에 더 나은 것을 선택하면 된다.

중요한 것은, 자녀 양육에 있어서 무엇을 허용하고 무엇을 통제할지, 그 정도를 어느 정도로 할지에 대한 부부의 의견이 너무 달라서는 안 된다는 것이다. 엄마는 밥 먹으면서 대화 좀 나누자고 하고, 아빠는 입에 음식 있는데 말한다고 야단치고, 엄마는 배부르면 그만 먹으라고 하고, 아빠는 먹기 싫어도 억지로라도 먹으라고 하면 아이는 혼란을 느끼게 된다. 아무리 부부라 하더라도 모든 상황에서 일치된 의견을 가질 수 없는 것이 당연하지만, 이런 부분에서 부부가 한 목소리를 내지 못하고 아이에게 서로 다른 요구를 하게 되면, 아이는 혼란을 느끼게 되고, 자신의 선택과 판단에 확신을 갖지 못하고 눈치만 살피는 사람으로 자라게 된다.

자녀 양육에 대한 부부간의 합치된 의견과 태도는 매우 중요하다. 서로 의견이 다를 경우, "당신은 왜 애한테 잔소리를 그렇게 많이 해? 평소에는 관심도 없는 사람이 꼭 사소한 걸로 애를 잡어?", "그렇게 오냐 오냐 하니까 쟤가 저렇게 버릇이 없잖아. 가르칠 건 가르쳐야지. 지 마음대로 할 거면 부모가 왜 필요해?" 하며 아이가 있는 데서 서로 자기가 옳다고 우기며 상대를 비난하기보다는, 아이가 없을 때 서로의 입장과 가치관에 대해 이야기하고, 합의점을 찾아야 한다. 그리고 합의된 그 원칙은 부부가 한 목소리로 일관성 있게 적용해야 한다.

만일 부부간의 합의점을 찾기 힘들다면, 서로 상대가 왜 그런 양육 철학이나 원칙을 갖게 되었는지 배우자의 성장 과정에 관심을 갖고 이야기를 나누어 보는 것이 좋다. 대부분의 사람들은 자신이 경험했던 부모의 양육태도를 자녀에게 전수한다. 엄격한 가정 환경에서 자란 사람은 엄격한 부모 역할을 하고, 허용적인 가정 환경에서 자란 사람은 허용적인 부모 역할을 한다. 엄격한 환경에서 자란 사람은 부모가 엄격한 것이 당연하고 허용적인 환경에서 자란 사람은 부모가 허용적인 것이 당연하다. 서로 옳고 그름을 논할 것이 아니라, 어린 시절 부모가 아이로서 경험했던 일화들을 나누며, 지금의 우리 아이에게 더 도움되는 태도가 무엇일지 생각을 나누는 것이 필요하다.

지나친 허용과 통제는 모두 문제가 되며, '지나친'의 정도는 상황과 아이의 특성에 따라 다르다. 또 아이의 성장과 함께 바뀔 필요도 있다. 그러므로 일상에서 자주 부딪히는 부분에 대해서는 허용의 정도와 범위에 대해 부모가 원칙을 정하여 일관성 있게 적용하되, 그때그때 대화를 통해 원칙을 수정하거나 변경하는 노력도 함께 해야 한다. 또 이어서 설명하는 가족회의를 적극 활용하여 아이들의 의견도 반영하는 원칙을 정하는 것도 도움이 된다.

낮은 자존감으로 인한 부부 갈등 해결하기

자존감이 낮은 부모는 부부 관계도 원만하지 못한 경우가 많다. 자존감이 낮은 사람은 배우자를 선택할 때 자신만큼 자존감 낮은 사람을 선택하는 경향이 있다. 낮은 자존감을 보상하기 위해서라도 높은 자존감의 배우자를 찾을 것 같지만, 무의식적으로 자존감 높은 사람의 심리적으로 건강한 모습에 이질감을 느끼고 자기와 비슷한 사람에게 편안함을 느껴 자존감 낮은 사람을 고르는 것이다.

부부의 자존감 수준이 비슷하다고 해서 부부의 가족 배경이나 성향이 비슷한 것은 아니다. 오히려 부부의 가족 배경이나 성향은 반대되는 경우가 더 많다. 이것은 자존감이 높은 부부도 마찬가지이다. 부부 갈등이 심한 부부도 그렇지만 일반적인 부부들도 "우리 부부는 서로 닮은 점이 많아요."라고 말하는 부부는 거의 없다. 대부분은 "우리는 달라도 너무 달라요. 뭐 하나 비슷한 게 없다니까요."라고 말한다.

남편이 조용하면 아내는 말이 많은 편이고, 남편이 꼼꼼하게 계획 세

위서 빈틈없이 사는 것을 좋아하면 아내는 유유자적 빈 공간이 많은 삶을 좋아한다. 아내가 여름을 좋아하면 남편은 겨울을 좋아하고, 아내가 담백한 음식을 좋아하면 남편은 자극적인 음식을 좋아한다.

왜 서로 이렇게 다른 사람끼리 부부가 되는 걸까? 여러 가지 이유가 있겠지만, 진화 심리학에서는 이것을 종족 보존을 위한 무의식적 선택으로 설명한다. 종의 다양성이 클수록 종족 보존에 유리한데, 동질적인 사람들 간의 결합보다는 이질적인 사람들 간의 결합을 통해 다양한 유전자를 가진 2세가 탄생할 수 있기 때문이다. 그래서 배우자를 고를 때 본능적으로 자신과 다른 이성에게 이끌리게 되는 것이다.

기억을 더듬어 보면, 나와 너무 달라 부부 갈등의 원인이 되고 있는 남편 혹은 아내의 특정 모습은 결혼 전에는 전혀 의식되지 않았거나 오히려 좋아 보였던 것들이다. 나는 말이 많은데 남편은 말이 없는 것이 과묵하고 진중해 보여 좋았고, 남편의 꼼꼼하고 계획적인 성격이 덜렁거리는 나의 부족한 부분을 채워줄 것 같아 좋았고, 손발이 차고 추위를 많이 타는 나와는 달리 몸의 열이 많아 겨울에도 온기가 느껴지는 것이 좋았고, 맵고 짠 한국 음식을 잘 먹는 남편의 입맛이 소박해서 좋았을 것이다. 그러나 부부가 된 이후에는 말없는 남편이 답답해서 속이 터지고, 일일이 체크하고 간섭하는 남편이 지긋지긋한데다가, 체질과 입맛까지 달라 외식 메뉴 하나 정하는데도 신경전을 벌여야 하니 결혼 전의 매력은 온데간데없이 사라지게 된다.

종족 보존의 본능이라는 막강한 힘에 의해 씌워졌던 콩깍지가 벗겨지고 나면, 나와 다른 상대를 받아들이고 그것에 맞추어 변화하려는 열정은 식게 된다. 게다가 원래 인간의 뇌는 경제성을 추구하기 때문에 익숙한 것, 편한 것을 더 쉽게 받아들이고 좋아하는데, 다양한 종을 번식시키고자 하는 본능이 사그라지고 콩깍지가 벗겨진 이후에는 다시 경제성을 추구하여 자신과 비슷한 것을 더 선호하게 된다. 그러니 결혼 전에 좋아했던 바로 그 모습 때문에 결혼 후에는 싸움을 하게 되는 것이다.

이때 성숙한 부부는 서로의 차이를 틀림이 아니라 다름으로 인정하고 서로를 존중할 수 있다. 갈등과 반목도 있지만 대화와 타협을 통해 자신을 변화시키고 상대에게 맞추고자 노력한다. 그래서 나이든 부부들 중에는 기호, 성향, 성품은 물론 얼굴 생김새까지 닮아 있는 부부들도 있다. 하지만, 미숙한 부부는 나만 옳고 상대는 틀렸다는 태도로 상대를 비난하게 된다. 사사건건 부딪히며 싸움을 하게 되는 것이다.

자존감이 낮은 두 사람이 부부가 된 경우에는 이 갈등이 더 심화될수밖에 없다. 자신의 가치와 능력에 대한 자기 자신의 확신이 부족한 상태에서는 상대방의 말 한마디 행동 하나 하나가 나를 사랑하지 않는 것, 나를 무시하는 것으로 느껴지기 때문에 더 큰 상처를 받게 된다. 또 내가 받은 상처를 상대에게 돌려주기 위해 상대의 상처와 취약한 부분을 후벼 파며 맹렬하게 공격하게 된다.

일반적으로 이런 상황에서 아내는 아이와 심리적으로 밀착되기 쉽다. 남편을 대신해 사랑을 주고받을 대상으로 아이를 선택하고 남편을 밀어내게 되는 것이다. 동시에 남편은 아내를 대신한 일이나 취미 생활, 게임,

술, 도박 혹은 다른 사람(친구나 애인)을 찾게 된다. 밤 늦게까지 일을 하면서 퇴근을 미루거나 집에 들어와서는 자기 방에 들어가 게임에 몰두하거나 외도를 하면서 부부 관계에서의 문제를 키우게 된다.

아이를 낳아서 키우는 일이 결코 쉬운 일이 아니기 때문에 자존감과 상관없이 많은 아내들이 아이를 돌보느라 남편에게 소홀하게 되지만, 자존감이 낮은 부부의 경우, 부부 갈등을 적극적으로 해결하려 하기 보다는 회피하려는 성향으로 인해, 아이가 태어나면 부부 중 한쪽이 아이를 자기 쪽으로 강하게 당기고 배우자를 밀어내게 된다. 임신과 출산, 수유 등으로 인해 아내가 남편보다는 아이를 독점하기에 유리하긴 하지만, 간혹은 남편이 아이와 밀착되어 있고 아내가 외부의 다른 활동이나 대상에 몰두하기도 한다.

이것은 의식적이기보다는 무의식적으로 일어나는 것이기 때문에 본인들은 자각하지 못하기 쉽다. 또 '아이에게 매우 헌신적인 어머니', '일을 매우 열심히 하는 가장'으로 미화되기도 하여, '아이 잘 키우기 위해 이렇게 애쓰는 나를 몰라주고', '가족 먹여 살리느라 고생하는 나를 몰라주고' 하며 자기를 합리화하고 상대를 비난하는 근거가 되기도 한다.

아내든 남편이든, 부부 갈등 회피를 목적으로 아이에게 몰두하면, 그 아이는 부모로부터 자신을 건강하게 분리시키지 못하고 부모의 분신으로 살게 된다. 내가 원하는 것을 하는 것이 아니라 부모가 원하는 것을 하게 되고, 내 기분을 느끼는 것이 아니라 부모 기분을 내 것처럼 느끼게 된다.

아이는 내가 아닌 부모의 삶을 대신 살아야 하기 때문에, 자신의 욕구를 억압하거나 부정해야 하며, 부모를 미화하거나 절대시하게 된다. 자신에게 헌신적인 부모를 위해 최선을 다하지만, 자존감 낮은 부모들은 변덕이 심하고 자식에게 과도한 기대를 하기 때문에, 부모와 함께 있는 것이 불편하고 싫어진다. 하지만 이런 불편감을 인정하는 것은 자신을 위해 헌신한 부모를 배신하는 것이기 때문에 이 감정 역시 억압하게 된다. 그러니 자녀 역시 있는 그대로의 자신을 사랑하고 존중할 수 없게 되고 부모 못지않은 낮은 자존감을 가진 채 살게 되는 것이다.

아이의 자존감을 높이려면 원만하지 못한 부부 관계부터 변화시켜야 한다. 아이 문제로 상담센터를 찾는 많은 분들은 부부 문제를 함께 갖고 있는데, 어떤 분들은 그것을 인정하고 도움받고자 하지만, 많은 분들은 그 부분은 어쩔 수 없으니 아이만 변화시켜 달라고 하거나, 다들 이 정도 부부 갈등은 덮어두고 사는데 굳이 변화를 시도해야 하냐고 한다. 이때도 경제성을 추구하는 우리 뇌는 만족스럽지는 않더라도 이미 익숙해져 버린 현재대로 살고자 하기 때문에 변화에 소극적인 태도를 취하는 것이다.

하지만 이런 부부 갈등을 덮어두게 되면, 아이의 자존감은 물론 부부 각자의 자존감도 더 떨어지게 된다. 중년기에 이른 부부는 배우자와의 친밀한 정서적 교류와 지지를 통해, 자녀가 건강하고 바르게 성장하게끔 도우며 바라보는 과정을 통해, 일에서 보다 많은 역할과 책임을 갖고 보다 많은 성과를 내는 과정을 통해 자존감이 높아지는데, 부부 갈등이 심한 경우 이 모든 것을 제대로 경험하지 못하게 된다. 그래서 생산성이라고 하는 중년기의 주요한 발달 과업을 이루지 못하고 침체를 겪게 되는 것이다.

자신의 낮은 자존감을 극복하고 부부 관계를 회복하기 위해서는 부부상담이나 가족상담을 받는 것이 가장 좋다. 만약 배우자가 상담을 원치 않는다면, 개인상담을 통해서라도 자기 자신은 물론 가족의 변화를 이끌 수 있다.

상담을 하지 않더라도, 낮은 자존감을 회복하기 위해서는 부모 스스로가 자신의 강점을 찾는 노력을 해야 한다. 자존감이 낮은 사람은 자신의 강점을 대수롭지 않게 여기고, 약점을 실제보다 크게 지각한다. 특히 부부 관계가 안 좋은 경우, 배우자와 서로의 약점을 비난하며 싸움을 하기 때문에 약점은 더욱 부각되고 자존감은 계속 낮아질 수밖에 없다. 하지만 배우자가 나를 선택할 때는 내가 가진 강점이 분명 있었다는 것을 잊어서는 안 된다. 나 역시 배우자를 선택할 때 그 혹은 그녀의 강점을 보았었다는 것도 중요하다.

의식적이건 무의식적이건 서로에게 매력이 되었던 그것을 다시 떠올리는 것은 관계 회복에서 매우 중요하다. 부부 사이가 안 좋은 부부는 "그때는 그것이 중요한 줄 알았고, 대단해 보여서 결혼을 했는데, 막상 결혼을 하고 보니 별것 아니었다, 속았다." 혹은 "연애할 때는 그 부분이 너무 좋았는데, 막상 결혼해서 살아 보니 그것 때문에 미칠 것 같다."는 말을 자주 한다. 그런데 사실은 상대가 나를 속인 것이 아니라 내가 스스로 상대의 좋은 부분을 과장해서 지각하고 스스로에게 최면을 걸어 스스로를 속인 것이다. 배우자 역시 나의 특정 부분을 과장해서 지각하고 매력을 느껴 결혼에 이른 것이니 서로가 각자 자기 자신을 속인 것이지 상대가 나를 속인 것은 아니다. 착각을 했거나 과장이 있었다 하더라도, 여전히 그 부분은 상대의 일부이고, 이혼을 할 것이 아니라면, 나 자신과 배우자의 강점에 주목해야 한다.

우선 배우자가 나에게 매력을 느꼈던 부분에 대해서 곰곰이 생각해 보자. 부부 갈등을 겪고 있다면, 배우자는 연애 때는 나의 매력이라며 좋아했던 그 부분 때문에 지금은 미칠 것 같다고 할 것이다. 말이 없고 수더분한 성격이 좋다던 사람이 지금은 '왜 이렇게 애교가 없냐. 다른 여자들처럼 애교도 좀 부리라.'며 투덜댈 수도 있고, 적극적이고 쾌활한 성격이 좋다던 사람이 이제 와서 '그만 좀 나대라고, 얌전히 좀 있어.'라고 할 수도 있다. 평생 이렇게 살아왔고, 심지어 그런 내가 좋다고까지 해 놓고, 이제 와서 바꾸라고 하니 화가 나는 것은 당연하다.

이것이 결혼의 함정이다. 연애 때는 보고 싶은 부분만 보고, 힘들면 잠시 떨어져 다른 곳에서 즐거움을 찾기도 하고, 부족한 부분은 다른 사람을 통해 채워도 별 문제가 안 되었지만, 결혼을 통해 매일 매일 한 집에서 얼굴 마주치며 살아야 하며 다른 사람과 나눌 수 없고 다른 사람으로 대신할 수도 없는 독점적이고 배타적인 관계를 맺은 이상, 서로는 서로의 매력이 가진 단점과 한계를 직면하지 않을 수 없다. 수더분한 것이 좋긴 하지만, 가끔은 애교도 부리면 좋겠고, 쾌활한 것이 좋긴 하지만 매일 쾌활하니 피곤하게 느껴지는 날도 있는 것이다. 그런데 이것이 쌓이면 좋은 면은 사라지고 안 좋은 면만 부각되어, 문제투성이인 사람이 되어 버리게 된다. 사실은 연애할 때 매력으로 보였던 그 부분은 여전히 나의 강점이고 결혼 생활에도 꼭 필요한 부분이지만, 그것만으로는 안 채워지는 작은 부분에 대한 불만이 쌓이다 보니 내 전부가 문제인 것으로 치부된 것이다. 배우자가 나를 어떻게 비난하든, 나는 여전히 그런 내 모습을 자랑스러워해야 하며, 동시에 그런 내 모습으로 인해 상대가 느끼는 불편과 불만을 고려해서 변화도 꾀해야 한다. 가끔은 몸에 익숙한 편한 옷 대신 정장이나 한복처럼 불편한 옷을 입어야 하는 것처럼, 나에게 익숙하고 편한 내 모습 대신 배우자가 원하는 덜 익숙하고 불편한 내 모습을 보여 주어야 한다. 가끔은 닭살 돋는 것을 참으며 애교를 부리거나, 나서고 싶지만 잠잠히 입 다물고 있는 모습을 일부러라도 보여 주어야 하는 것이다.

또한 부부관계 회복을 위해서는 우선 내가 배우자에게 매력을 느꼈던 그것, 비록 그것 때문에 지금은 배우자가 꼴도 보기 싫어졌다 하더라고, 그것의 강점을 애써 찾아야 한다. 꼼꼼한 성격이 좋아 결혼했는데, 막상 결혼하고 나니 그 꼼꼼한 성격 때문에 숨이 막혀 죽을 것 같아 싸우게 된다면, 연애할 때 보았던 꼼꼼함의 강점을 다시 애써 떠올려야 한다. 그리고 배우자의 꼼꼼함이 발휘되어야 하는 상황에서 감사와 칭찬을 아끼지 않아야 한다.

왜 나만? 배우자는 부부 관계를 발전시키기 위한 어떠한 노력도 안 하면서 나를 비난하기에 바쁜데, 왜 나만 이런 노력을 해야 할까? 같이 하거나 먼저 하면 몰라도, 왜 나만 억울하게 이런 노력을 해야 할까?

목마른 사람이 우물을 파야 한다. 분명 이 책을 읽고 있는 당신은 아이가 당당하고 행복하게 살기를 바라는 부모일 테고, 아이의 자존감을 높이기 위해서는 부부 공동의 노력이 필요하다는 것을 알고 있을 것이다. 부부 갈등이 지속되고 그로 인해 당신의 자존감도 계속 낮은 채로 있다면 아이의 자존감을 높여 주기 위한 당신의 무수히 많은 노력은 한계에 부딪힐 수밖에 없다. 어쩌면 당신은 배우자보다 더 적극적이며 더 성숙한 사람일 것이다. 적어도 아이를 키우는 문제에 한해서는 그럴 것이다. 그러니 억울하더라도 필요를 먼저 느낀 당신이 먼저 시작하는 것이 당연하다.

이 책에서 제시한 자존감 교육법은 아동, 청소년뿐만 아니라 성인에게도 적용할 수 있는 것들이다. 자신의 낮은 자존감이 자녀 교육에 걸림돌이 된다고 느껴진다면, 책의 내용을 자신에게도 적용하여 자녀와 함께 본인의 변화를 이끌어야 할 것이다. 부부 관계를 변화시키기 위해서도 공감, 타당화, 욕구 읽기, 자기주장 등의 내용을 배우자와의 대화에 적용하여 작은 변화라도 시도해 보면 좋겠다. 혼자 하기 힘들다면, 심리상담 전문가로부터 약간의 도움을 받는 것도 고려해 봄직하다.

자기주장 훈련

자존감이 낮은 사람은 자신의 권리를 마땅히 주장해야 하는 상황에서도 요구하지 못해 손해를 자주 보고, 다른 사람이 자신에게 하는 부탁을 거절하지 못해서 과도하게 많은 일을 떠안기도 한다. 그러다가 갑자기 화를 폭발하거나 울음을 터뜨려서 사람들을 당황시키는 경우가 많다. 자존감 낮은 사람 입장에서는 평소 자신이 감수한 손해와 부담이 쌓여 한계치에 달했기 때문에 화를 낼 수밖에 없는 것이지만, 다른 사람들 눈에는 평소에는 더 힘들고 불편한 상황도 잘 참고 싫은 내색 없이 희생을 자처하던 사람이 별거 아닌 사소한 일에 극도로 흥분하며 화를 내니 이상하게 보일 수밖에 없다. 그래서 자존감이 낮은 사람은 대인관계에서 늘 손해만 보고 이용만 당한 느낌을 가진 채 살기 쉽다.

이런 사람들에게는 자기주장 훈련이 도움이 된다. 자기주장 훈련은 자기 감정을 표현하지 못하고 권리를 주장하지 못하는 사람들을 위해 개발된 기법의 하나로, 정당하지 않은 상황에서 자신의 감정과 생각을 표현하도록 돕는 것이다. 자기주장 훈련은 피하거나, 따지거나, 화를 내는 것이 아니라 당당하게 자신의 권리를 주장하도록 하는 것이다.

자기주장을 잘 못하는 사람들은 자신의 욕구보다 상대의 욕구가 더 중요하다는 잘못된 믿음을 가지고 있는 경우가 많다. 예를 들어 다음과 같은 신념을 갖는 것이다.

❶ 내 욕구를 먼저 충족시키고자 하는 것은 이기적인 것이다.
❷ 다른 사람과 내 욕구가 상충할 때는 다른 사람의 욕구를 우선 충족시 키는 것이 옳다.
❸ 괜히 내 감정을 말해서 다른 사람의 기분을 상하게 하는 것보다는 표 현하지 않는 것이 좋다.
❹ 내 문제로 다른 사람을 방해하거나 불편하게 해서는 안 된다.

또한 이들은 자신의 감정을 다른 사람에게 이해시키지 못한다면 자신의 감정은 잘못된 것이라는 잘못된 믿음도 가지고 있다. 그래서 다음과 같은 신념을 갖기 쉽다.

❺ 다른 사람이 내 감정이 이치에 맞다고 생각하지 않는다면, 내 감정은 문제가 있는 것이다.
❻ 나는 항상 내가 느끼고 행동하는 것에 대한 합당한 이유를 가지고 있 어야 한다.

이들은 다른 사람들과 불화를 일으키거나 사회적으로 소외되는 것은 아주 큰 재앙이며 늘 다른 사람들과 잘 지내기 위해 노력해야 한다고 민는다. 그리고 다른 사람은 옳고 자신은 그렇지 않을 수 있기 때문에 다른 사람의 의견을 그대로 받아들이는 것이 안전하다는 믿음도 갖고 있다. 그래서 다음과 같은 신념을 갖기 쉽다.

❼ 나는 항상 다른 사람과 잘 지내기 위해 노력해야 한다. 그러기 위해서는 내가 그들에게 맞추어야 한다.
❽ 혼자가 되어서는 안 된다. 다른 사람들과 함께 어울려 있어야 한다.
❾ 사람들과 잘 지내기 위해서는 그들의 좋은 면만 보려고 애써야 한다.
❿ 사람들이 어떤 행동을 하는 것은 다 합당한 이유가 있기 때문이다. 그것에 의문을 갖는 것보다는 받아들이는 것이 안전하다.

이러한 믿음은 상대가 원하는 대로 자신을 맞추는 것이 낫다는 믿음으로 이어져 필요한 상황에서도 자기주장을 하지 못하게 만들게 된다. 이런 신념을 가진 상태에서는 아무리 행동 수준의 훈련을 받더라도 효과가 없다. 그래서 자기주장 훈련을 위해서는 이러한 신념부터 바꾸어 주어야 한다.

아이들이 이러한 신념을 갖게 되는 것은 가정과 학교에서 부모와 교사에 의해 주입되었기 때문이다. 특히 부모가 이런 신념을 가지고 있는 경우 아이들은 이것을 거르지 않고 자기 것으로 받아들이기 쉽다. 그러니 아이의 신념만 변화시키려 하기 보다는 부모가 먼저 자기 자신의 신념을 점검해서 변화시켜야 하는 부분을 찾는 노력이 필요하다. 그리고 자기주장과 관련된 신념을 다음과 같이 바꾸고자 애써야 한다.

❶ 욕구를 먼저 충족시키고자 하는 것은 이기적인 것이다. → 다른 사람의 욕구만큼이나 내 욕구도 중요하다. 나는 내 욕구를 우선시할 권리를 가지고 있다.

❷ 다른 사람과 내 욕구가 상충할 때는 다른 사람의 욕구를 우선 충족시키는 것이 옳다. → 다른 사람의 욕구와 내 욕구가 상충할 때는 서로간의 대화와 양보를 통해 조정하는 것이 옳다.

❸ 괜히 내 감정을 말해서 다른 사람의 기분을 상하게 하는 것보다는 표현하지 않는 것이 좋다. → 나는 내 감정을 표현할 권리가 있다.

❹ 내 문제로 다른 사람을 방해하거나 불편하게 해서는 안 된다. → 나는 도움이나 지지가 필요할 때 다른 사람에게 이를 요청할 권리가 있다.

❺ 다른 사람이 내 감정이 이치에 맞다고 생각하지 않는다면, 내 감정은 문제가 있는 것이다. → 다른 사람이 내 감정을 이해하지 못한다고 해서 내 감정이 틀린 것은 아니다. 나는 내 감정을 있는 그대로 느낄 권리가 있다.

❻ 나는 항상 내가 느끼고 행동하는 것에 대한 합당한 이유를 가지고 있어야 한다. → 반드시 내가 느끼고 행동하는 이유를 설명할 필요는 없다. 내 느낌과 행동의 이유를 타인에게 인정받아야 하는 것은 아니다.

❼ 나는 항상 다른 사람과 잘 지내기 위해 노력해야 한다. 그러기 위해서는 내가 그들에게 맞추어야 한다. → 사람들과 잘 지내기 위해서 내 느낌과 원하는 바를 표현해야 한다. 갈등을 통해 사람들은 오랜 시간 잘 지내는 방법을 터득한다.

❽ 혼자가 되어서는 안 된다. 다른 사람들과 함께 어울려 있어야 한다. → 다른 사람이 함께 하자고 요청 하더라도 혼자만의 시간이 필요하면 거절할 수 있다. 혼자만의 시간을 통해 에너지를 충전한 후 다른 사람과 더 즐겁게 어울릴 수도 있다.

이러한 신념은 매우 확고하고, 그 신념이 옳지 않다는 것을 알더라도, 어떤 상황에서는 거의 자동적으로 나오게 된다. 그래서 신념을 바꾸는 것이 결코 쉽지 않다. 아이에게 자기주장과 관련된 올바른 신념을 만들어 주려면 생활 속에서 자연스러우면서도 반복적으로 일깨워 주어야 한다. 그리고 부모가 이런 신념에 근거해 행동하는 모습을 자주 보여 주어야 한다. 이 중 몇몇 신념을 종이에 써서 눈에 잘 띄는 곳에 붙여 놓고 자주 상기시키는 것도 도움이 된다.

이렇게 사람은 누구나 자신의 느낌을 표현할 권리가 있고 다른 사람을 기쁘게 하거나 다른 사람으로부터 인정받기 위해 자신의 욕구를 억누를 필요가 없다는 것을 인식시킴과 동시에, 정당한 자기주장에 필요한 기술도 가르쳐야 한다.

자기주장에 가장 기본이 되는 행동은 상대방의 눈을 바라보면서 적당한 크기로 정확하게 말을 하는 것이다. 눈을 피하거나 겨우 들릴 정도의 작은 목소리로 부정확하게 말하는 습관을 가지고 있는 경우, 주장의 기본 행동인 눈 맞춤, 적당한 목소리 크기, 정확한 발음을 강조하여야 한다.

이와 함께, 군더더기 없이 '예', '아니오'를 명확하게 대답하기, 남에게 도움 청하기, 자신의 느낌이나 생각을 솔직하게 표현하기, 다른 사람의 반대 의견에 동요되지 않기 등을 상황에 맞추어 연습해야 한다. 연습을 위해서는 아이가 경험하는 실제 장면을 활용하는 것이 가장 좋다. 친구가 원하지 않는 행동을 강요할 때, 친구가 약을 올리거나 무시하는 행동을 할 때, 친구가 내 물건을 허락 없이 가지고 갈 때, 친구가 빌려간 돈을 갚지 않을 때 등 아이가 실제로 경험하는 또래 관계 상황뿐만 아니라 교사나 부모와의 갈등 상황도 활용 가능하다.

실제로 자기주장 훈련을 배울 때는 자신의 경험을 바탕으로 시나리오를 작성한 후 A, B 역할을 바꾸어 가며 역할 연기를 하도록 한다. 또한 예상 가능한 상대의 다양한 행동을 목록화하고 각각의 행동마다에 나의 대처 행동을 세분화하여 시나리오를 작성하도록 한다. 그리고 나서 상황마다의 적절한 자기주장 행동을 반복 연습시킨다.

예를 들어 친구가 내 물건을 허락 없이 가지고 가서 돌려달라고 요구해야 하는 상황의 경우, 친구의 평소 성격, 주변 다른 친구들의 반응, 선생님이 함께 있는지 등을 고려하여 여러 개의 다른 시나리오를 만들도록 하는 것이다. 그리고 각 시나리오별로 자신에게 필요한 자기주장 행동을 떠올려서 대본을 짜고, 그것을 여러 번 연습해서 실전에서 제대로 대처하도록 하는 것이다.

이러한 자기주장에서는 자신의 감정을 알아차리는 것이 매우 중요하다. 자기주장을 잘 못하는 사람들은 낮은 자존감 때문에 자신의 욕구를 억압하거나 부정하는데 익숙해져 있다. 그래서 대인관계 상황에서 욕구와 정서를 알아차리지 못하고 자기주장이 필요한 상황을 지나쳐 버리는 경우가 많다. 그래서 자기주장을 잘 하게 하기 위해서는 앞에서 살펴본 5개의 기본 욕구를 바탕으로 평소 아이의 욕구와 감정을 자연스럽게 읽어 주고 아이 스스로 자신의 욕구와 감정을 알아차릴 기회를 주는 것이 필요하다.

그리고 자신의 욕구가 좌절되거나 불쾌한 감정을 느끼는 이유가 상대의 부당한 행동으로 인한 것이라면, 상대에게 그것을 표현하는 것이다. 이때는 자신의 감정을 과장없이 솔직하게 표현하면서 상대에게 바라는 바를 분명히 하는 것이 중요하다. 화를 속으로 삭히며 아무말 없이 앉아 있거나, 물건을 돌려 달라며 애걸하는 것이 아니라, 상대의 눈을 쳐다 보며 당당한 태도로 "네가 내 물건을 허락도 없이 가져 가는 것이 나를 무시하는 것처럼 느껴져서 기분이 나빠. 당장 그 물건을 돌려 줘. 그리고 다음에 내 물건을 빌려 쓰고 싶을 때는 나한테 먼저 물어봐 주길 바래." 하고 말하는 것이다.

자기주장의 결과가 늘 좋을 수는 없다. 이렇게 말한다고 해서 상대가 바로 물건을 돌려준다는 보장은 없다. 하지만 돌려 달라는 주장조차 못하고 속으로 끙끙댈 때보다 정당하게 자신의 권리를 주장하고 당당하게 행동할 때 사람들로부터 존중을 받게 되고 그만큼 자존감이 높아지게 된다.

가족 회의를 통해
가족 규칙 만들기

자존감은 부모가 모든 것을 허용하고 자녀가 원하는 대로 할 수 있게 도와준다고 해서 높게 형성되는 것이 아니다. 오히려 지나치게 허용적인 양육은 자녀에게 옳고 그름을 분별할 수 있는 능력을 키워 주지 못하고, 적절한 행동의 경계를 만들어 주지 못하기 때문에 자존감을 떨어뜨린다. 지나치게 허용적인 가정에서 자란 아이는 집 안은 물론 집 밖에서도 제멋대로 행동하기 때문에 타인과의 비교나 타인의 평가를 근거로 자존감을 형성하는 아동기 이후에는 타인들의 부정적 피드백으로 인해 자존감이 크게 낮아지게 된다.

그렇다고 자녀의 행동을 제약하고 통제하는 통제적인 양육이 자존감을 높이는 것은 더욱 아니다. 부모의 통제 자체는 '내가 시키는 대로 하지 않으면 사랑받을 수 없을 거야(자기 가치에 대한 불안정감)'나 '너는 제대로 판단할 수 있는 능력이 없어(자기 능력에 대한 평가 절하)'라는 메시지를 주기 때문에 자녀가 스스로를 가치 있고 능력 있는 사람이라고 믿기 어렵게 만든다.

자존감 교육에 가장 적합한 양육 방식은 민주적 양육 방식이다. 민주적 양육의 핵심은 부모가 자녀를 자율성을 가진 주체적인 존재로 인정하고 자녀의 의사를 존중하는 것이다. 자녀의 의사를 존중하는 것과 자녀의 의사를 다 들어 주는 것은 차이가 있다. 민주적인 부모는 자녀의 의사에 충분히 관심을 갖고 가능하면 그것을 충족시키기 위해 애쓰지만 서로 의견이 다르거나 지나친 부분이 있는 경우에는 안 되는 이유를 설명하고 부모의 뜻을 따르도록 요구한다. 민주적 양육을 위해서는 부모의 권위가 필요하기 때문이다.

가족회의는 민주적 양육에서 적극 활용되는 방법이다. 가족회의는 가족 구성원 각자의 서로 다른 욕구나 바람을 절충할 수 있는 아주 효과적인 방법이기 때문에 가족회의를 통해 자녀는 자존감을 높일 수 있다.

가족회의의 형식이나 주제는 거창할 필요가 없다. 특히 처음 가족회의를 하는 경우에는 더욱 그러하다. 오히려 주말 외식 메뉴나 할머니 생신 선물 아이템처럼 가벼운 주제로 간단하게 회의를 하는 것이 좋다. 아이가 어려도 말을 할 수 있고 의사를 주고받을 수준이 된다면 가족회의에 참여시키는 것이 좋다. 횟수도 큰 상관은 없지만, 가족 중 누군가 회의를 요청하면 모두 참여한다는 원칙과 적어도 한 달에 한 번, 매달 마지막 주 토요일 저녁 식사 후에 한다와 같은 원칙은 정해 놓는 것이 좋다. 그래야 한두 번 시늉만 하고 흐지부지되는 문제를 막을 수 있다.

가족회의의 방법

1. 가족회의를 하기 전에 누가 진행을 하고 누가 기록을 할지 정한다. 진행과 기록을 한 사람이 해도 무방하지만 매 회의마다 같은 사람이 하는 것보다는 구성원들이 돌아가며 진행과 기록을 하는 것이 바람직하다. 처음 몇 번은 부모가 번갈아 하며 진행 및 기록 요령을 관찰할 기회를 준 후 자녀에게도 역할을 맡기는 것이 좋다. 기록은 노트나 수첩에 해도 되지만 기왕이면 화이트보드처럼 가족 모두가 볼 수 있는 곳에 하는 것이 좋다. 화이트보드는 가족회의 때 뿐만 아니라 평소에도 가족들에게 하고 싶은 말이나 기억해야 하는 중요한 사항을 적어 놓을 수 있는 공간으로 활용할 수 있기 때문에 거실이나 주방 같은 곳에 붙여 놓았다가 가족회의 때 떼어서 활용하면 더욱 회의 느낌을 살릴 수 있다.

2. 본격적인 회의를 하기 전에 각자의 근황이나 기분을 나누고 서로 칭찬의 말을 주고받는다. "엄마는 오늘 하루종일 신경써야 하는 일이 많아서 조금 긴장되어 있었는데, 오랜만에 우리 가족 모두가 이렇게 둘러앉아 있으니 긴장도 풀리고 기분도 좋네. 지후는 지금 기분이 어때?" 하며 가벼운 대화를 나누는 것이다. 혹은 "어제는 속으로만 생각하고 말았는데, 지후가 영어 CD를 들으면서 입으로 중얼중얼 따라 말하는걸 보면서 대견하다고 생각했었어. 발음도 좋아지고 읽는 속도도 빨라지고 실력이 조금씩 느는 것 같아서 기분이 좋더라. 그리고 지후 아빠한테도 고마운 부분이 있었는데……." 하며 자연스럽게 칭찬하는 분위기를 만드는 것이다.

3. 회의 주제를 정한다. 회의 날짜를 미리 알려 주어서 미리 주제를 생각해 오거나 화이트보드에 써 놓도록 해도 되고, 그날 주제를 정해도 된다. 회의 시간은 너무 길지 않아야 하므로 주제가 너무 많을 경우 더 중요하거나 시급한 것을 먼저 다루고 나머지 것은 다음 회의 시간을 정해서 따로 논의하는 것이 좋다.

4. 회의를 한다. 가장 중요한 부분이다. 회의의 규칙은 간단하다. ① 누구나 자신의 의견을 말할 수 있지만 상대방을 비난하거나 무시하는 말을 해서는 안 된다. ② 다른 사람의 말을 끝까지 듣고 자신의 의견을 말한다. 중요한 것은 회의에서 항상 합의된 의견이 도출되는 것은 아니라는 사실이다. 가족 간의 의견 차가 확인만 되고 결론에 이르지 못하는 경우도 생긴다. 이때는 서둘러 결론을 내려고 애쓰기 보다는 각자 정해진 기일만큼(삼일에서 일주일 정도가 좋다) 생각할 시간을 갖고 서로를 조금 더 만족시킬 수 있는 다른 방법을 고민해 보자고 하고 회의를 마무리하는 것이 더 낫다.

5. 회의 결과를 공표하고 기록한다. 어떤 사항에 대해 어떤 결정이 났는지, 누가 무엇을 언제까지 어떻게 하기로 했는지, 결정 사항을 지키지 않을 경우 어떻게 할 것인지, 다음 회의는 언제 할 것인지 등을 공표하고 기록하는 것이다. "지후의 영어 학원 건은 처음 등록할 때 했던 약속대로 두 달 더 다닌 후에 그만둘지 여부를 결정하기로 합의했습니다. 대신 숙제 부담을 줄이기 위해 엄마가 선생님께 전화를 해서 지금의 절반 수준으로 숙제를 낮춰 달라고 말씀을 드리기로 했고, 대신 지후는 학교 수업 복습 시간을 하루 30분씩 갖기로 했습니다. 이건 다음 주 월요일부터 적용하기로 하고, 다른 어려움이 생기면 다음 회의 때 다시 이야기 나누도록 하겠습니다." 하고 마무리를 하는 것이다. 이것은 화이트보드 한 켠에 깨끗하게 정리해서 적어두어도 좋고 가족회의 결과를 기록하는 노트를 하나 만들어 적어 두는 것도 좋다.

6. 회의 후 가족 모두 즐거운 시간을 함께 한다. 힘든 토론 과정을 무사히 통과한 것을 기뻐하며 맛있는 것을 먹거나 재미있는 영화를 보는 등의 즐거운 활동을 공유하는 것이다.

self-esteem education

5부

자존감 교육의 효과

자존감은 살아가는데 필요한 여러 가지 능력과 태도를 형성하는데 많은 기여를 한다. 자존감 높은 사람은 나의 가치와 능력에 대한 확고한 믿음이 있기 때문에 주변에서 원하는 삶이 아니라 자신이 원하는 삶을 살아갈 힘을 갖게 된다. 자존감을 근간으로 하여 자유롭고 창의적으로 그리고 주체적으로 자신이 원하는 삶을 만들어 나갈 수 있게 되는 것이다. 그러니 자존감 교육은 우리 아이의 행복과 성공을 위한 핵심 키워드가 아닐 수 없다.

자존감 교육을 통해 아이의 자존감이 높아지면 어떤 효과가 나타날까? 우선 자신에 대해 긍정적으로 생각하게 돼 다른 사람의 평가 등에 쉽게 흔들리지 않는다. 이러한 긍정성으로 인해 당당하게 행동함으로써 대인관계 능력이 향상된다. 공감 능력 또한 뛰어나 다른 사람들과 우호적이고 친밀한 관계를 잘 맺고 오랜 시간 관계를 유지할 수 있게 된다.

또한 자존감은 집중력과 밀접한 관련이 있다. 자존감이 높은 사람은 자신의 능력에 대한 믿음이 안정되어 있고, 실패를 하더라도 자신이 가치 없는 사람이 아니라는 믿음이 확고하기 때문에 자신의 능력보다 다소 어려운 과제를 접할 때도 도전적이고 성취지향적인 태도를 갖게 된다. 실패와 남들의 시선을 신경 쓰지 않고 과제에 몰입하기 때문에 높은 집중력과 인내력을 갖는 것이다.

자존감 높은 사람은 자신이 목표하는 바를 분명히 알고, 목표 달성에 도움되는 행동을 하기 때문에 순간적인 감정이나 충동에 휩쓸리는 경우가 많지 않다. 자신의 목표를 위해 감정과 욕구를 조절하며 뛰어난 자기 조절 능력을 갖는다. 이러한 높은 자기 조절 능력은 높은 문제 해결 능력으로 이어져, 실제 생활에서 많은 성공을 이루게 된다. 또한 이들은 예측하지 못한 역경을 만나더라도 절망에 빠지거나 포기하기보다는 희망을 찾아내고 목표를 재정비하고 스스로 그것을 헤쳐나갈 수 있다고 믿으며 과감하게 재도전을 하게 된다. 그러니 그만큼 목표 달성의 가능성이 높아지고 성공에 더 가까이 갈 수 있는 것이다.

자존감 높은 아이들이 모두 공부를 잘하는 것은 아니지만, 높은 성적을 목표로 공부를 하게 된다면, 자기 주도적인 학습 태도를 보이게 된다. 그리고 결국에는 높은 성적을 받게 된다. 현실적인 목표를 세우고 꾸준히 노력하며, 자신의 부족한 부분을 분석하고 해결할 방법을 찾는다. 목표에 대한 긍정적 기대를 갖고 적극적이고 주도적으로 학습하면서 자신의 핸디캡을 극복해 나가는 것이다.

높은 공감 능력,
대인관계 능력

자존감 교육을 통해 높은 자존감을 갖게 되면, 아이는 자신에 대한 긍정적이면서도 분명한 자기 개념(self-concept)을 형성하게 된다. 순간순간 다른 사람의 평가에 의해 흔들리는 불안정한 자기가 아니라 어떠한 상황에서도 흔들림 없는 자기에 대한 견고한 이미지(self-image)를 갖게 되는 것이다.

이러한 긍정적 자기 개념은 대인관계 장면에서 아주 훌륭한 자원이 된다. 다른 사람의 평가에 민감하지 않기 때문에 눈치를 보거나 주눅들지 않고 당당하게 행동할 수 있다. 다른 사람을 기쁘게 하기 위해 혹은 화나지 않게 하기 위해 자신의 감정과 욕구를 억압하거나 부정할 필요가 없기 때문에 자연스럽고 편안하게 자신을 표현할 수 있다.

또 다른 사람이 자신을 좋아하지 않거나 자신에 대해 부정적인 피드백을 하더라도 심리적 상처를 덜 받는다. 누군가 자신을 무시하거나 비난하더라도 "그 사람 눈에는 그렇게 보였을 수도 있지. 하지만 그게 나의 전부는 아니야.", "나의 일부분을 싫어하는 거지, 나의 전부를 싫어하는 것은 아닐 거야. 언젠가 나의 다른 모습을 보게 된다면, 나를 더 좋아하게 될 거야.", "모든 사람이 나를 좋아할 수는 없지. 나를 싫어하는 사람도 있을 수 있는 거야.", "나만큼의 단점도 없는 사람이 있나? 모든 사람이 이 정도 단점은 가지고 사는 게 당연하지 않나?" 같은 생각을 하며, 대수롭지 않게 넘길 수 있다.

그리고 다른 사람의 평가에 의해 일시적으로 낮아진 자존감을 회복하기 위해 자신의 다른 긍정적인 모습을 의식적으로 떠올리며, 다른 사람에게 자신의 장점을 자연스럽게 부각시킬 수 있는 계기를 만들게 된다. 그러니 무시나 비난을 받은 직후에는 기분이 상하고 화가 나더라도, 마음을 잘 다스려 불쾌한 기분을 오래 지속하지 않고, 더 나은 자기를 만들 여유까지 갖게 될 수 있다.

자존감 높은 사람은 또한 공감 능력이 뛰어나다. 자신의 감정과 욕구를 편안하게 인식하고 수용할 수 있는 만큼 타인의 감정과 욕구 역시 존중할 수 있다. 타인을 의식하거나 그들에게 잘 보이기 위해 타인의 감정을 살피는 것이 아니라, 자신이 존중받아 마땅한 존재인 것처럼 타인 역시 존중할 가치가 있는 대상이라는 믿기 때문에 그들의 감정을 귀하게 여기게 되는 것이다. 그러니 다른 사람들과 우호적이고 친밀한 관계를 잘 맺고 오랜 시간 관계를 유지할 수 있게 된다. 가족, 친구, 동료들과 원만한 관계를 유지하는 것은 너무나 당연하다.

높은 집중력

집중력은 주어진 과제를 이해하고 해결하는데 필요한 인지 능력, 과제를 수행하는 동안 느끼는 좌절감이나 지루함을 이기고 동기를 유지하는데 필요한 정서 조절 능력, 올바른 습관과 자세를 유지하고 집중 잘되는 환경을 만드는 행동 관리 능력 등을 통해 높아지는데, 자존감이 높은 아이는 세 영역 중 특히 뛰어난 정서 조절 능력으로 인해 높은 집중력을 발휘하게 된다.

대부분의 아이들이 게임을 하거나 텔레비전을 볼 때는 집중을 잘 하지만, 공부나 숙제를 할 때는 그만큼 집중하지 못한다. 게임이나 텔레비전은 새롭고 신기한 자극이 화려한 음향 및 그래픽과 함께 지속적으로 주어지기 때문에 수동적인 상태에서도 집중을 할 수 있지만, 공부나 숙제처럼 어렵고 단조로운 과제를 할 때는 적극적으로 자신의 정서를 조절할 수 있어야 집중을 할 수 있기 때문이다.

집중력은 호기심을 자극하는 새롭고 신기한 과제를 수행하는 상황뿐만 아니라 반복되거나 어려운 과제를 수행할 때도 발휘되어야 한다. 또 즉각적인 보상이나 즐거움이 주어지지 않는 상황에서도 발휘되어야 한다. 정서 조질 능력이 높은 사람은 이런 지루하고 어렵고 보상이 없는 과제를 수행하면서도 미래의 긍정적 결과를 기대하며 현재의 욕구를 조절할 수 있다.

집중력 발달의 필수적인 요소인 정서 조절 능력은 정서적 안정감과 자신감, 주변 환경에 대한 신뢰감을 통해 형성된다. 불안이나 우울한 감정을 덜 느끼고 스트레스를 잘 관리할 수 있어서 정서적 동요가 심하지 않은 사람, 자신의 능력에 대한 긍정적인 믿음이 있어서 실패를 두려워하지 않는 사람, 부모, 교사, 친구들과의 관계가 좋고 그들에 대한 신뢰를 가지고 있는 사람, 즉 자존감이 높은 사람은 정서 조절 능력 역시 높기 때문에 집중력 발달에도 유리하다.

특히 자존감이 높은 사람은 자신의 능력에 대한 믿음이 안정되어 있고, 실패를 하더라도 자신이 가치 없는 사람이 아니라는 믿음이 확고하기 때문에 자신의 능력보다 다소 어려운 과제를 접할 때도 도전적이고 성취지향적인 태도를 갖게 된다. 실패하면 어떻게 하나? 남들이 나를 어떻게 생각할까? 신경 쓰지 않고 과제에 몰입하기 때문에 높은 과제 집착력과 강한 인내력을 발휘하는 것이다.

반면, 자신의 능력에 대한 믿음이 불안정하고 실패를 할 경우 주변 사람들이 자신을 좋아하지 않을 것이라고 생각하는 자존감 낮은 사람은 실패의 가능성이 높은 과제를 할 때 산만하게 행동하고 쉽게 포기하는 모습을 보인다. 과제를 선택할 때도 지나치게 쉽거나 어려운 것을 선택해서 비난을 피하려 하기 때문에 더욱 낮은 자존감을 갖게 된다.

이렇듯 자존감은 집중력과 밀접한 관련이 있다. 자존감이 높은 사람은 주어진 과제를 끝까지 마무리하기 위해 지루함이나 짜증 신체적 피로 등을 관리하는 능력, 즉 지속적 집중력이 특히 높기 때문에 오랜 시간 꾸준한 노력을 필요로 하는 활동에서 좋은 결과를 얻게 되고, 더 많은 공부 시간과 노력을 요구하는 고학년이 될수록 더 높은 집중력을 발휘할 수 있게 된다.

목표 지향적 행동,
자기 조절 능력

자존감이 높은 사람은 자신이 원하는 바가 무엇인지를 명확히 알고 있다. 그리고 이들은 자신이 원하는 것을 얻는데 도움되는 행동, 즉 목표 지향적 행동을 한다. 자존감이 높은 사람은 자신이 성취감, 보람, 만족감을 느낄만한 일이 무엇인지를 잘 안다. 자신이 원하는 것, 자신이 가치 있게 여기는 것을 다른 사람 눈치 보지 않고 추구할 수 있기 때문에 분명한 목표를 세울 수 있다. 이 목표는 외부 누군가에 의해 주입된 목표가 아니라 자기 안에서 자발적으로 만든 목표이기 때문에 시련이 있어도 목표를 쉽게 바꾸거나 포기하지 않는다. 오히려 더 많은 노력과 열정을 발휘하여 목표를 이루려 한다.

자존감이 낮은 사람은 다른 사람을 기쁘게 하거나 다른 사람으로부터 인정을 받기 위해 애쓰느라 정작 자신이 원하는 것이 무엇인지 생각할 여유가 없다. 열심히 무언가를 하면서도 그것을 하는 이유나 목적을 분명하게 말하지 못한다. '부모님을 기쁘게 해 드리기 위해', '엄마한테 혼나지 않기 위해', '친구들에게 무시당하지 않기 위해', '선생님에게 칭찬을 받기 위해'와 같이 자기 밖의 다른 것에서 이유를 찾기 때문에 내재적 동기를 갖지 못한다. 그러니 무언가를 열심히 하다가도 외부의 이유가 사라지거나 그 이유가 별로 중요하지 않게 느껴지면 금세 시큰둥해지거나 흐지부지 중단해 버린다.

자존감 높은 사람은 자신이 목표하는 바를 분명히 알고, 목표 달성에 도움되는 행동을 하기 때문에 순간적인 감정이나 충동에 휩쓸리는 경우가 많지 않다. 목표를 위해 감정과 욕구를 조절하며 뛰어난 자기 조절 능력을 발휘하게 되는 것이다. 게임을 하고 싶어도 오늘 하기로 한 공부가 끝나지 않은 상태라면 게임하고 싶은 마음을 누르고 공부에 몰두할 수 있고, 화가 나도 화를 낸 이후의 상황을 고려하며 화를 조절할 수 있다.

이러한 높은 자기 조절 능력은 높은 문제 해결 능력으로 이어져, 실제 생활에서 많은 성공을 이루게 된다. 이들은 목표 달성이 어려운 상황에서 자신의 문제점, 부족한 부분, 보완할 점 등을 생각하여 자신을 발전시키게 된다. 그래서 시간이 좀 걸리더라도 결국에는 목표한 바를 이루게 되는 것이다. 또한 이들은 예측하지 못한 역경을 만나더라도 절망에 빠지거나 포기하기보다는 희망을 찾아내고 목표를 재정비하고 스스로 그것을 헤쳐나갈 수 있다고 믿으며 과감하게 재도전을 하게 된다. 그러니 그만큼 목표 달성의 가능성이 높아지고 성공에 더 가까이 갈 수 있는 것이다.

자기 주도적 학습 능력

자존감 높은 아이들이 모두 공부를 잘하는 것은 아니지만, 자존감 높은 아이가 높은 성적을 받기로 마음을 먹는다면, 그래서 높은 성적을 목표로 공부를 하게 된다면, 자기 주도적인 학습 태도를 보이게 된다. 그리고 결국에는 높은 성적을 받게 된다. 자신의 지능이 낮다거나 집안 형편이 안 좋아 좋은 학원에 다닐 수 없기 때문에 공부를 잘할 수 없다는 핑계를 대지 않고 '나는 내가 목표한 것을 이룰 수 있다.'는 신념, 즉 '열심히 노력하면 언젠가는 높은 성적을 받을 수 있다.'는 긍정적 기대를 갖고 적극적이고 주도적으로 학습하면서 자신의 핸디캡을 극복하게 된다.

이들은 전교 1등이나 전과목 100점과 같은 비현실적인 목표를 세우고 초반에만 반짝 노력을 하다가 이내 포기하는 것이 아니라, 자신의 현재 수준을 고려한 목표를 세우고, 단계별로 목표를 높이면서, 꾸준히 노력을 계속한다. 성적이 기대만큼 많이 혹은 쉽게 오르지 않아도 '역시 나는 안 돼' 하며 좌절하는 것이 아니라, '내가 이럴 리가 없는데, 뭐가 문제지?’ 하며 자신이 노력한 정도나 공부 방법에서의 문제들을 객관화하면서 되짚어 본다. 그리고 발견한 문제점들을 보완할 방법을 찾게 된다.

또한 자존감이 높은 학생은 높은 자기 주도적 학습 태도를 갖기 때문에 자신의 부족한 부분을 감추거나 축소하려 애쓰기 보다는 부족한 부분을 분석하고 해결할 방법을 찾기 위해 부모, 교사, 친구들에게 적극적인 도움을 청할 수 있다. 공부 잘하는 방법, 성적 올리는 방법을 알기 위해 부모, 교사, 공부 잘하는 친구에게 직접 그 방법을 물어 보기도 하고, 공부 잘하는 친구의 생활 패턴과 공부 방법을 관찰하기도 한다. 공부 잘되는 장소, 공부 잘되는 시간대, 공부에 도움되는 상태 등 물리적 환경도 적극적으로 조성하고, 공부에 방해가 되는 물건이나 사람, 활동도 조절하는 힘을 발휘한다.

이렇듯 자존감은 살아가는데 필요한 여러 가지 능력과 태도를 형성하는데 많은 기여를 한다. 자존감 높은 사람은 나의 가치와 능력에 대한 확고한 믿음이 있기 때문에 주변에서 원하는 삶이 아니라 자신이 원하는 삶을 살아갈 힘을 갖게 된다. 자존감을 근간으로 하여 자유롭고 창의적으로 그리고 주체적으로 자신이 원하는 삶을 만들어 나갈 수 있게 되는 것이다. 그러니 자존감 교육은 우리 아이의 행복과 성공을 위한 핵심 키워드가 아닐 수 없다.